Springer
Berlin
Heidelberg
New York
Barcelona
Budapest
Hong Kong
London
Mailand
Paris
Santa Clara
Singapur
Tokyo

L. Schimmelpfeng   H. Pfaff-Schley
I. Wettlauffer (Hrsg.)

Umweltbeauftragte im Krankenhaus

Rechtlicher Hintergrund, Qualifikation, Einbindung in die Betriebsorganisation

Mit 53 Abbildungen und 9 Tabellen

Springer

Lutz Schimmelpfeng
Herbert Pfaff-Schley
Ingrid Wettlauffer
Umweltinstitut Offenbach GmbH
Nordring 82B
D-63067 Offenbach am Main

Die Deutsche Bibliothek - CIP-Einheitsaufnahme

Umweltbeauftragte im Krankenhaus : rechtlicher Hintergrund,
Qualifikation, Einbindung in die Betriebsorganisation ; mit 9
Tabellen / L. Schimmelpfeng ... - Berlin ; Heidelberg ; New
York ; Barcelona ; Budapest ; Hong Kong ; London ; Mailand ;
Paris ; Tokyo : Springer, 1995.
   ISBN-13:978-3-540-57976-2   e-ISBN-13:978-3-642-78994-6
   DOI: 10.1007/978-3-642-78994-6
NE: Schimmelpfeng, Lutz [Hrsg.]

ISBN-13:978-3-540-57976-2

Einbandgestaltung: E. Kirchner, Heidelberg
Satz: Reproduktionsfertige Vorlage von den Herausgebern
SAP: 10468802   30/3136 - 5 4 3 2 1 0 – Gedruckt auf säurefreiem Papier

Vorwort

Der Band *"Umweltbeauftragte im Krankenhaus"* basiert auf Vorträgen einer Fachtagung des Umweltinstituts Offenbach im März 1994, die nun in teils überarbeiteter und ergänzter Form vorliegen.

Umweltbeauftragte – in der Industrie längst institutionalisiert – erreichen im Unternehmen Krankenhaus erst langsam den Stellenwert, der ihnen von der Bedeutung her zukommt.

Neben den klassischen Betriebsbeauftragten für Umweltschutz, den Abfall-, Gewässerschutz- und Immissionsschutzbeauftragten, wird im Krankenhaus zunehmend darüber nachgedacht, wie sich Umweltschutz organisatorisch in den Betrieb einbinden läßt.

Die Beiträge beleuchten zunächst die Situation der gesetzlich vorgeschriebenen Umweltschutzbeauftragten, ihre Aufgaben, den rechtlichen Hintergrund und ihr Anforderungsprofil. Umweltbeauftragte, oftmals im Spannungsfeld zwischen ökonomischen Interessen und gesetzlichen Anforderungen, haben es besonders im Krankenhaus nicht leicht, ihren Standort in der Betriebsorganisation zu finden. In ihrer vom Gesetzgeber definierten Kontroll- und Überwachungsfunktion bleibt ihnen zudem wenig Zeit für konzeptionelle Arbeit.

Lösungsmöglichkeiten, diese Mängel zu beheben, werden hier beschrieben und neue Organisationsformen vorgestellt, um eine effektive Umweltschutzarbeit zu gewährleisten.

Offenbach, im Mai 1995   Ingrid Wettlauffer

Inhalt

Autorenverzeichnis

Dipl.-Ing. (FH) Wolfgang Ankelmann
        Städtisches Klinikum
        Institut für Klinikhygiene
        Medizinische Mikrobiologie und Klinische Infektiologie
        Flurstr. 17
        90419 Nürnberg

Dr. Waltraud Folkhard
        Universitätsklinik
        Dezernat III/4 – Entsorgung
        Voßstr. 2
        69115 Heidelberg

Dipl.-Ing. (FH) Markus Herrel
        Kreiskrankenhaus Offenburg
        Ebertplatz 12
        77654 Offenburg

PD Dr. Heinz-Michael Just
        Städtisches Klinikum
        Institut für Klinikhygiene
        Medizinische Mikrobiologie und Klinische Infektiologie
        Flurstr. 17
        90419 Nürnberg

Dipl.-Ing. (FH) Erik Kasper
        Dr.-Horst-Schmidt-Kliniken
        Hygieneabteilung
        Ludwig-Erhard-Str. 100
        65199 Wiesbaden

Dr. Ulrich Laub
        Universitätsklinik
        Heinrich-Buff-Ring 59
        35392 Gießen

Dr. Angela Prangen
        Universitätsklinikum Steglitz
        Dezernat IVB/Umweltschutz
        Hindenburgdamm 30
        12203 Berlin

Dr. Bernd Richter
Universitätsklinik
Biologische Sicherheit, Strahlenschutz
Ludwigstr. 34
35390 Gießen

Dr. Lutz Schimmelpfeng
Umweltinstitut Offenbach GmbH
Nordring 82B
63067 Offenbach

Dr. med., Dipl.-Ing. Andrea Stelkens
Med. Einrichtungen der RWTH
Dezernat Umwelt
Pauwelsstraße 30
52074 Aachen

Staatsanwalt Manfred Stotz
Staatsanwaltschaft bei dem Landgericht Frankfurt/Main
Konrad-Adenauer-Str. 20
60313 Frankfurt

Dr. Friedrich Tilkes
Universitätsklinik
Hygieneinstitut
Friedrichstr. 16
35392 Gießen

Dipl.-Biol. Ingrid Wettlauffer
Umweltinstitut Offenbach GmbH
Nordring 82B
63067 Offenbach

Heike Witt
Landesbetrieb Krankenhäuser
Geschäftsführung K 2344
Friedrichsberger Str.
22081 Hamburg

Bio.-Ing. Susanne Wolfhagen
Universitätskrankenhaus Eppendorf
Verw.-Abt. V13 – Ökologie und Entsorgung
Martinistr. 52
20246 Hamburg

Umweltbeauftragte im Krankenhaus

Ingrid Wettlauffer

Umweltschutz als ein Unternehmensziel

Umweltorientierte Betriebsführung gewinnt auch in Krankenhäusern zunehmend an Bedeutung. Neben sicherer Patientenversorgung, Hygiene und Wirtschaftlichkeit soll auch dem Umweltschutz Rechnung getragen werden.

Aber wie läßt sich Umweltschutz im Krankenhaus etablieren? Welche organisatorischen Möglichkeiten hat die Krankenhausleitung, den Umweltschutz im Betrieb zu verankern? Fragt man im Krankenhaus nach den Zuständigkeiten für den Umweltschutz, wird man an Mitarbeiter in unterschiedlichen Funktionen und mit unterschiedlichen Ausbildungsprofilen verwiesen. Dabei werden Umweltschutzaufgaben meist als Nebenjob, weniger in Planstellen, ausgeführt. Die Bezeichnungen der mit Umweltschutzaufgaben betrauten Mitarbeiter reichen von *Umweltbeauftragter, Umweltschutzbeauftragter, Umweltingenieur, Betriebsbeauftragter für Umweltschutz* bis hin zum *Klinikökologen*. So scheint zunächst eine eindeutige Begriffsklärung notwendig.

Betriebsbeauftragte für Umweltschutz – die per Gesetz bestellten Beauftragten

Jedes Krankenhaus muß prüfen, ob es verpflichtet ist, Betriebsbeauftragte zu bestellen. Ein Abfallbeauftragter muß bestellt werden, wenn im Betrieb regelmäßig besonders überwachungsbedürftige Abfälle (Sonderabfälle) anfallen. Neben dem klassischen Betriebsbeauftragten für Abfall, Gewässer- und Immissionsschutz sind im Krankenhaus noch Beauftragte anzutreffen, die nicht unter die Umweltgesetzgebung fallen. Die wichtigsten Beauftragten im Krankenhaus sind:

- Betriebsbeauftragter für Immissionsschutz
  - Immissionsschutzbeauftragter –
  §§ 53ff. BImSchG; §§ 1ff. der 5. BImSchV, §§ 1ff. der 6. BImSchV

- Störfallbeauftragter
  §§ 58a ff. BImSchG
- Betriebsbeauftragter für Gewässerschutz
  – Gewässerschutzbeauftragter –
  §§ 21a ff. WHG
- Betriebsbeauftragter für Abfall
  §§ 11a ff. AbfG; §§ 1ff. AbfBetrV
- Gefahrgutbeauftragter
  § 3 GGG; § 1ff. GbV
- Beauftragter nach der Gefahrstoffverordnung
  § 12 GefStoffV
- Strahlenschutzbeauftragter nach der Strahlenschutzverordnung
  §§ 29 StrlSchV
- Fachkraft für Arbeitssicherheit
  §§ 5ff. ASiG
- Sicherheitsbeauftragter
  § 719 RVO

Aufgaben, Rechte und Pflichten der Betriebsbeauftragten ergeben sich aus den Vorschriften des jeweiligen Rechtsgebietes und werden an anderer Stelle diskutiert.

Stellung der Betriebsbeauftragten

Die Betriebsbeauftragten sind dem Unternehmen Krankenhaus gegenüber verantwortlich. Ihr Status läßt sich wie folgt beschreiben: Im Betrieb sind sie das Instrument der betrieblichen Selbstüberwachung, nach außen der Ansprechpartner der Behörden.

Einbindung in die Betriebsorganisation

Wünschenswert ist die Einbindung des Betriebsbeauftragten in eine *Stabsstelle*: Nur dort kann er seiner Überwachungs- und Beratungsfunktion gerecht werden. Er ist direkt der Krankenhausleitung unterstellt und hat keine Entscheidungsbefugnis.

In der Regel ist er jedoch in der *Linie* angesiedelt: Das ist der Fall, wenn er die Beauftragtenfunktion neben seiner eigentlichen Tätigkeit ausführt. Hier kann es zu Interessenskonflikten kommen, er kontrolliert praktisch seine eigene Arbeit und trifft Entscheidungen.

In der Praxis nehmen Betriebsbeauftragte häufig zwei (oder mehrere) Beauftragtenfunktionen wahr, so z. B. die Kombination von Abfallwirtschaft und Gefahrguttransport oder die Bündelung der Aufgaben des Betriebsbeauftragten für Abfall mit der betrieblichen Arbeitssicherheit. Dabei müssen die Aufgaben eindeutig voneinander abgegrenzt und in einem Arbeitsvertrag festgeschrieben sein. Leider sieht der Alltag anders aus: Viele Betriebsbeauftragte haben nicht einmal einen Bestellungsvertrag, und es gibt keine exakte Aufgabenbeschreibung.

Die Beauftragten klagen in der Regel über

- mangelnde Unterstützung durch die Leitung,
- fehlende Zeit für konzeptionelle Arbeit,
- wenig Einflußnahme auf Investitions- und Beschaffungsentscheidungen.

Die Beauftragten fühlen sich oft isoliert, ja manchmal als Fremdkörper in der Organisationsstruktur. Dabei ist das Gegenteil der Fall: Am Beispiel des Abfallbeauftragten lassen sich Schnittstellen zu anderen Bereichen aufzeigen. Informationsaustausch und Kooperation mit den anderen Beauftragten sind geradezu zwingend.

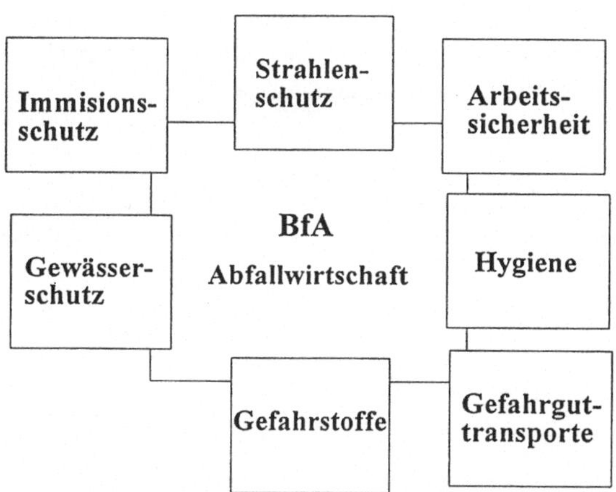

Abb. 1. Der Abfallbeauftragte und angrenzende Arbeitsgebiete

Umweltbeauftragte – ohne gesetzliche Funktion

Der Betriebsbeauftragte ist durch seine Fixierung auf den vorwiegend technischen Bereich für ein Umweltschutzmanagement nur bedingt als organisatorische Lösung zu betrachten.

Neben der Erfüllung der gesetzlichen Mindestanfordernngen zur Bestellung der notwendigen Betriebsbeauftragten sollte die Krankenhausleitung deshalb die Chance nutzen, Umweltbeauftragte zu benennen, um den Umweltschutz organisatorisch zu verankern.

Neue Organisationsformen, die ressortübergreifende Lösungen zulassen, sind gerade im Krankenhaus gefordert, so zum Beispiel

- die Schaffung der Stelle eines Umweltbeauftragten,
- die Einrichtung eines Umweltdezernats,
- die zeitliche Freistellung eines geeigneten Mitarbeiters.

Die Aufgaben dieser Umweltbeauftragten bestünden in der Koordination der Umweltschutzaufgaben und in der Zusammenarbeit mit den Beauftragten für Sonderfunktionen (Hygiene, Arbeitssicherheit).

Zusätzlich sollten bereits bestehende Kommissionen (Einkaufs-, Hygiene- und Arzneimittelkommission) in die Umweltschutzarbeit integriert werden. Die Einrichtung einer Umweltarbeitsgruppe, bestehend aus Mitarbeitern aller Bereiche in Leitungsfunktion, kann die Umweltarbeit unterstützen.

Je größer der Betrieb Krankenhaus ist, desto notwendiger ist eine Strukturierung mit klar geregelten Zuständigkeiten. Nicht vorhandene Organisationsstrukturen sind ein Defizit und wirken sich negativ auf die Umweltschutzarbeit aus.

Die Betriebsbeauftragten für Umweltschutz: Rechte, Pflichten, Qualifizierung, Bestellung – eine Übersicht

Lutz Schimmelpfeng

Im Umgangssprachgebrauch werden für Betriebsangehörige, die mit Aufgaben des Umweltschutzes betraut sind, eine Anzahl von Begriffen gebraucht. Es soll hier zunächst eine Begriffserklärung versucht werden.

Gesetzliche *Beauftragte für den betrieblichen Umweltschutz* sind als Betriebsbeauftragte für

- Immissionsschutz nach Bundesimmissionsschutzgesetz,
- Gewässerschutz nach Wasserhaushaltsgesetz,
- Abfall nach Abfallgesetz

festgelegt und definiert (Abb. 1). Als Umweltschutzbeauftragte werden solche Personen bezeichnet, die mehr als eine der gesetzlich definierten Beauftragtenpositionen im Betrieb wahrnehmen.

Im Krankenhausbereich werden die Aufgaben der Gewässerschutzbeauftragten (Kurzform für "Betriebsbeauftragter für Gewässerschutz") und Abfallbeauftragten (Kurzform für "Betriebsbeauftragter für Abfall") häufig in einer Person vereint. Immissionsschutzbeauftragte werden nur in Einrichtungen benötigt, die eine genehmigungsbedürftige Anlage nach dem Bundesimmissionsschutzgesetz betreiben, wie z. B. ein Heizkraftwerk.

Als letztes sei noch der Begriff des *Umweltbeauftragten* genannt. Im gängigen Sprachgebrauch bezeichnet "Umweltbeauftragter" eine Person der Geschäftsführung oder der Klinikleitung, der die gesamte Verantwortung für die Pflichten und Ziele des Unternehmens im Umweltschutz übertragen wurde.

Umweltbeauftragte gehören dem Management an und sind meist keine Umweltfachleute. § 52a des Bundesimmissionsschutzgesetzes (BImSchG) weist ihnen die Verantwortung innerhalb der Geschäftsleitung und für die Organisation des Umweltschutzes im Unternehmen zu. Strenggenommen gelten diese Regeln nur für Unternehmen, die BImSchG-genehmigte Anlagen betreiben.

Das BImSchG ist aber innerhalb des Umweltrechtes meist der Schrittmacher auch für die Bereiche Wasser und Abfall, und ähnliche Regelungen sind für die Zukunft auch im WHG und AbfG zu erwarten.

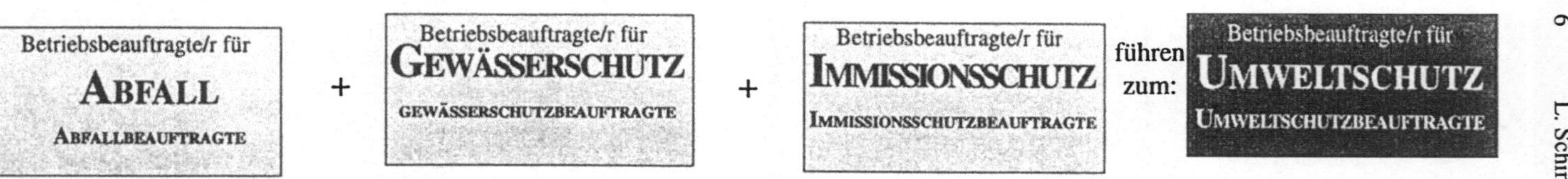

Die gesetzlichen Verpflichtungen zur Bestellung: (neben der Anordnung durch die Behörde)

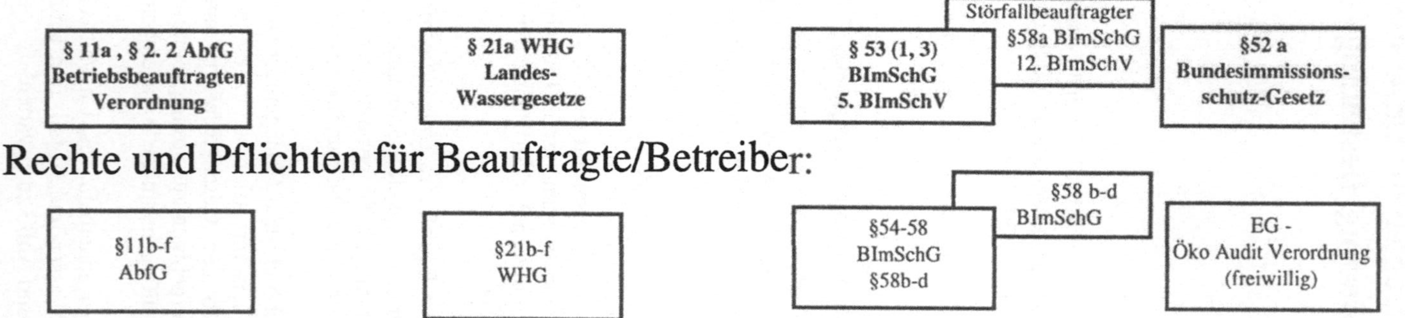

Rechte und Pflichten für Beauftragte/Betreiber:

Abb. 1. Qualifizierung der Umwelschutzbeauftragten zur Erlangung der Fach-/Sachkunde durch das Umweltinstitut Offenbach

Unabhängig von dem Einsatz der betrieblichen Umweltschutzbeauftragten gibt es einige generelle Betrachtungen über deren berufliche Praxis anzustellen. Betriebsbeauftragte sind, unabhängig von der organisatorischen Anbindung, Verbindungsstellen oder, moderner formuliert, Schnittstellen zwischen

- verschiedenen normativen Anforderungen,
- verschiedenen Hierachieebenen,
- verschiedenen Systemen (Abb. 2).

Abb. 2. Schnittstelle

Sie sollten zwischen den Ansprüchen und Bedürfnissen von Mensch und Natur an eine weitgehend durch Störungen beeinflußte Umwelt und dem Anspruch der Betriebe auf Ressourcenentnahme und Emission von Abfall-, Rest- und Schadstoffen vermitteln. So sind Betriebsangehörige zur Erhaltung ihres Arbeitsplatzes auf die zwangsläufige Belastung der Umwelt angewiesen, von der sie direkt oder indirekt als Teile der Gesellschaft betroffen sind, und als Individuen fordern sie häufig vehement die Einhaltung der Grenzwerte, die durch die Umweltgesetzgebung durch den Gesetzgeber gefordert werden.

Betriebsbeauftragte klagen oft über dieses gespaltene Bewußtsein, wenn sie innerhalb der Betriebe an den hohen Stand des gesellschaftlich vorhandenen Umweltbewußtseins appellieren.

So scheitern Konzepte zur getrennten Erfassung von Abfällen, weil Motivation und Disziplin der Belegschaft nicht ausreichen, erhebliche Fehlabwürfe zu verhindern. Die Klagen über solche Ignoranz betreffen übrigens alle Hierarchieebenen. Die Bananenschale im Altpapierbehälter ist eben auch im Chefbüro keine Seltenheit.

Niemand ist innerhalb der Betriebe von dem Konflikt zwischen ökonomischen Zielsetzungen des Betriebes und den Schutzzielen für die Ökologie stärker betroffen als die Umweltschutzbeauftragten (Abb. 3).

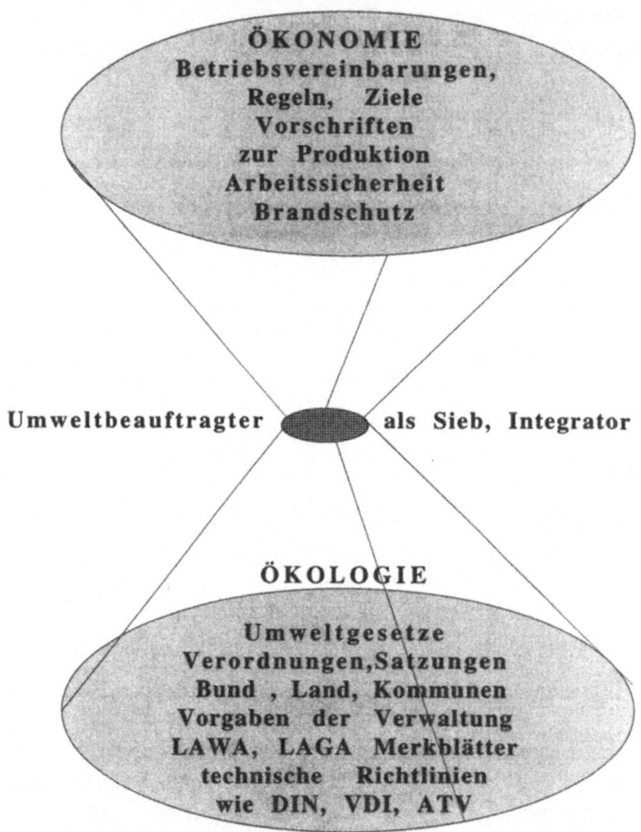

Abb. 3. Integrator

Sie müssen durch durch ihre gesetzlich formulierten Aufgaben integrierend Umweltschutzziele vermitteln zwischen

- Behörde und Geschäftsleitung,
- Facharbeitern und Produktionsleitung,
- Betriebsleitern und Geschäftsführung,
- Vorschriften zum effektiven Betrieb und den Anforderungen von Gesetzen aus Europäischer Union, Bund und Land sowie den Berufsverbänden als Normgebern.

Dazu werden erstaunliche Fähigkeiten der Kommunikation nötig sein, die Sprache der verschiedenen Hierarchien und zu verstehen und zu sprechen, um im Sinne der Umweltziele zu motivieren (Informationspflicht, Initiativpflicht) und vorzutragen (Berichtspflicht und Informationspflicht).

Selbst wenn diese kommunikativen Fähigkeiten ausgebildet oder durch Talent vorhanden sind, werden doch weitere ganzheitliche und fachübergreifende Qualifikationen erforderlich sein, um optimale Ergebnisse im betrieblichen Umweltschutz zu erzielen (Abb. 4).

Abb. 4. Umweltschutzbeauftragte – Aufgaben und Anforderung an die Qualifikation

Umweltschutzbeauftragte müssen

- Umweltrechtler mit tiefgreifendem Rechtsverständnis,
- technische Berater mit soliden Fachkenntnissen,
- "Betriebswirte" des Umweltschutzes,
- glänzende Rhetoriker und Darsteller,
- verständnisvolle, aber konsequente Kontrolleure,
- eventuell Laborleiter,
- Umweltchemiker und -toxikologen,
- EDV-Fachleute und Organisatoren

sein. Alle diese Fähigkeiten können nicht wirksam werden ohne das *Vertrauen* der gesamten Belegschaft in Motivation sowie fachliche und persönliche Integrität der Umweltschutzbeauftragten (Abb. 5).

Abb. 5. Vertrauensverhältnisse

Man sollte aber auf Seiten der Geschäftsleitung davon abkommen, mehr oder weniger überfallartig und ohne Vorbereitung Umweltbeauftragte durch "Handauflegen" zu bestellen. Ohne Identifizierung mit den Umweltschutzzielen in Betrieb und Gesellschaft wird ein solches Vertrauen der Belegschaft zu "ihren" Umweltschutzbeauftragten kaum zu erlangen sein.

Nach § 52a Bundesimmissionsschutzgesetz ist der Betreiber einer Anlage verpflichtet darzulegen, in welcher Weise sichergestellt ist, daß die geltenden Bestimmungen des Umweltschutzes von Europäischer Union, Bund, Ländern und Kommunen beim Betrieb eingehalten und umgesetzt werden.

Dabei trifft die Geschäftsleitung die strafrechtliche Verantwortung (s. dazu den Beitrag von M. Stotz) für Zuwiderhandlungen und Übertretungen, auch dadurch, daß nicht ausreichend geschulte Umweltschutzbeauftragte bestellt wurden (Organisationsverschulden).

Die früher geübte Praxis, für eine weitere Karriere untaugliche Mitarbeiter auf den "Elefantenfriedhof Umweltschutz" zu schicken, gehört sicherlich der Vergangenheit an, aber die Anforderungen an betriebliche Umweltschutzbeauftragte werden von den Geschäftsleitungen immer noch ignoriert oder falsch eingeschätzt. Bei der Durchführung von Fach- und Sachkundeseminaren sind dem Autor immer wieder Beauftragte begegnet, die ohne jede weitere Vorbereitung zu Abfall- oder Gewässerschutzbeauftragten bestellt worden waren.

Eine solche unvorbereitete Bestellung ist sicherlich für das Wohlergehen des Unternehmens ein fahrlässiger Drahtseilakt. Es kann hier nur empfohlen werden,

- sehr genau festzulegen, welche Aufgaben die Betriebsbeauftragten in der betrieblichen Praxis erfüllen sollen;
- motivierte Mitarbeiter anzusprechen und im Konsens für ihre Aufgabe fortzubilden;
- die Fortbildung an der Aufgabenstellung im Betrieb und nicht an den Mindestanforderungen des Gesetzgebers zu orientieren;
- Zeitkontingente, Hilfspersonal und Mittel so großzügig festzulegen, daß nicht Überforderung die Motivation bald auffrißt;
- in einem gesonderten Vertrag die spezifischen Aufgaben, Rechte und Pflichten möglichst konkret und für Arbeitnehmer und Arbeitgeber gleichermaßen überprüfbar, niederzulegen (s. Rack, M.: Umweltrechtsreport, Mustervertrag für Betriebsbeauftragte im Umweltschutz, unveröffentlicht (Eigenpublikation); Anfragen über den Autor).

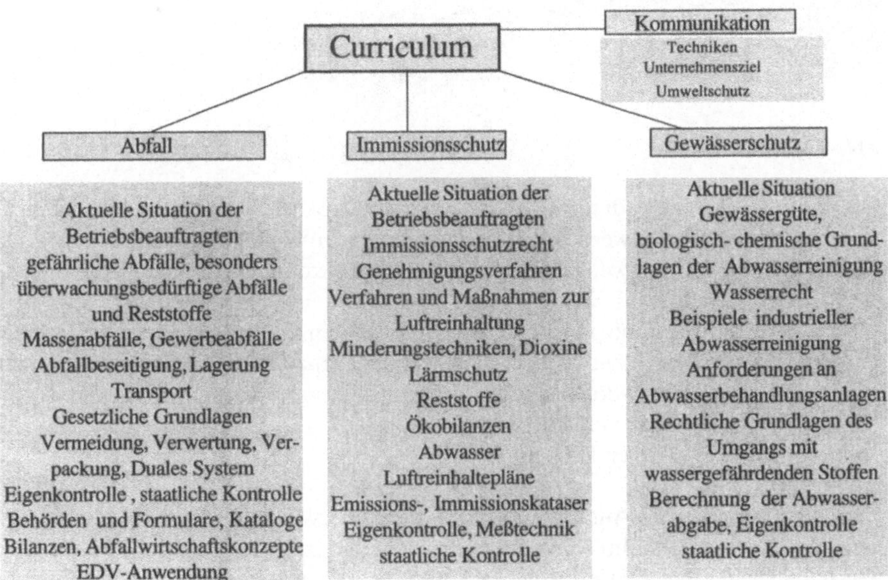

Abb. 6. Die Ausbildung von Beauftragten für den betrieblichen Umweltschutz

Eine wie in Abb. 7 beschriebene geordnete und gezielte Vorgehensweise verlangt eine eingehende Vorbereitung der Bestellung und vermeidet Mißverständnisse. Sie ist auch ein zukunftsweisendes Konzept.

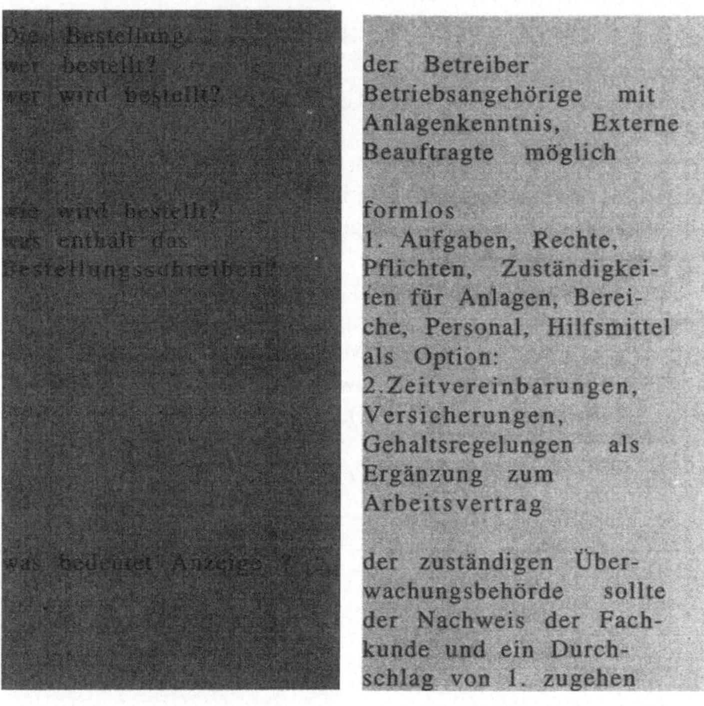

Abb. 7. Bestellung

Die europäische Verordnung 1836/93, kurz "Öko-Audit-Verordnung", sieht als Instrument des Wettbewerbes die Vergabe eines Umweltzeichens nach freiwilliger Teilnahme an einer Umweltbetriebsprüfung durch externe Zertifizierer vor.

Vor der Prüfung muß innerhalb der Betriebe ein "Umweltmanagementsystem" eingerichtet werden, innerhalb dessen die oben genannten Zielelemente systematisiert und organisiert werden müssen – und das in einer solchen Transparenz, daß sie in der abschließend veröffentlichten Umwelterklärung Vertrauen erzeugen und Marketingeffekte erzielen können.

Bis jetzt gilt die EU-Audit-Verordnung zwar überwiegend für produzierende mittelständische Betriebe. Im Konzert der privaten und privatisierten Einrichtungen des Gesundheitswesens wird ein solches Umweltzertifikat sicherlich in den Noten für die Soloparts stehen.

<u>Ablauf einer Umweltbetriebsprüfung (Umweltaudit)</u>
<u>gem. der EG-Verordnung Nr.1836/93</u>

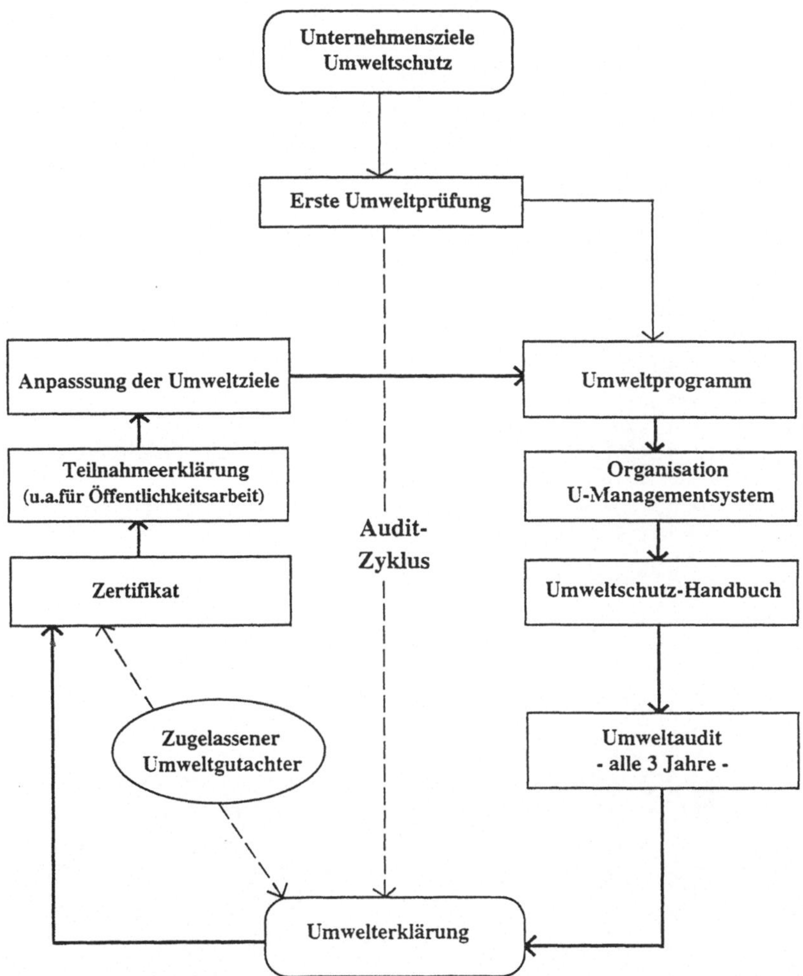

Abb. 8. EG-Öko-Audit

Vor allem für größere Kliniken scheint ein solch durchgängiges Managementsystem auch im Sinne des zunehmenden Kostendrucks, wie der wachsenden Motivation des Personals und der Patienten für Umweltaspekte, eine zwingende Notwendigkeit für die Zukunftssicherung der Häuser zu sein.

Verantwortung der Krankenhausleitung für Umweltschutz Organisation und Umsetzung

Heinz-Michael Just, Wolfgang Ankelmann

Umweltschutzaspekte gewinnen bei der Planung und dem Betrieb eines Krankenhauses zunehmend an Bedeutung. Gründe hierfür sind regionale, nationale wie auch europäische Gesetze (Abb. 1) und die dadurch sich abzeichnenden finanziellen Auswirkungen. Diese aktuelle Entwicklung zwingt die Krankenhäuser, Betriebsabläufe und Organisationsformen zu überdenken und anzupassen. Betroffen hiervon sind alle Bereiche, die Verwaltung ebenso wie der ärztliche und pflegerische.

Umweltschutz muß Chefsache sein!

Diese sich in der Industrie immer mehr durchsetzende Einsicht gilt gleichermaßen für ein Krankenhaus. Die Krankenhausleitung steht analog zur Vorstandsetage der Industrie in der gesetzlich verankerten Unternehmerverantwortung. Sie muß dafür sorgen, daß der Umweltschutz den gesetzlichen Vorgaben entsprechend organisiert und umgesetzt wird. Dies stellt ein Krankenhaus gerade zu einer Zeit, in der die Sorge um die Wirtschaftlichkeit an erster Stelle steht, vor nicht unerhebliche Probleme. Trotzdem kann sich künftig kein Krankenhaus mehr dieser Verpflichtung entziehen, zumal aus Versäumnissen im Umweltschutz auf Grund der gesetzlichen Vorgaben zusätzliche Kosten, vermeidbare Betriebsstörungen und strafrechtliche Verfolgungen auf Betriebe und Unternehmen zukommen können und das Interesse von Öffentlichkeit, Patienten und Mitarbeitern am Umweltschutz ein zusätzlicher wesentlicher Einflußfaktor geworden ist. Bei der Umsetzung einer wirksamen Umweltschutzorganisation ist darauf zu achten, daß für alle beteiligten Personen Rechte und Pflichten und damit Zuständigkeiten klar definiert und gegenseitig abgegrenzt sind (Abb. 2).

Eine solche Umweltschutzorganisation zu installieren ist primär Aufgabe der Unternehmensleitung (in einem Krankenhaus des Direktoriums). Wie in Abb. 3 skizziert, erscheint uns die Benennung eines "Umweltdirektors" unabdingbar, damit notwendige Entscheidungen kurzfristig umgesetzt werden. Aufgrund der spezifischen und komplexen, z. T. auch sehr sensiblen Belange eines Krankenhauses ist es notwendig, anstehende Entscheidungen mit den betroffenen Bereichen abzusprechen.

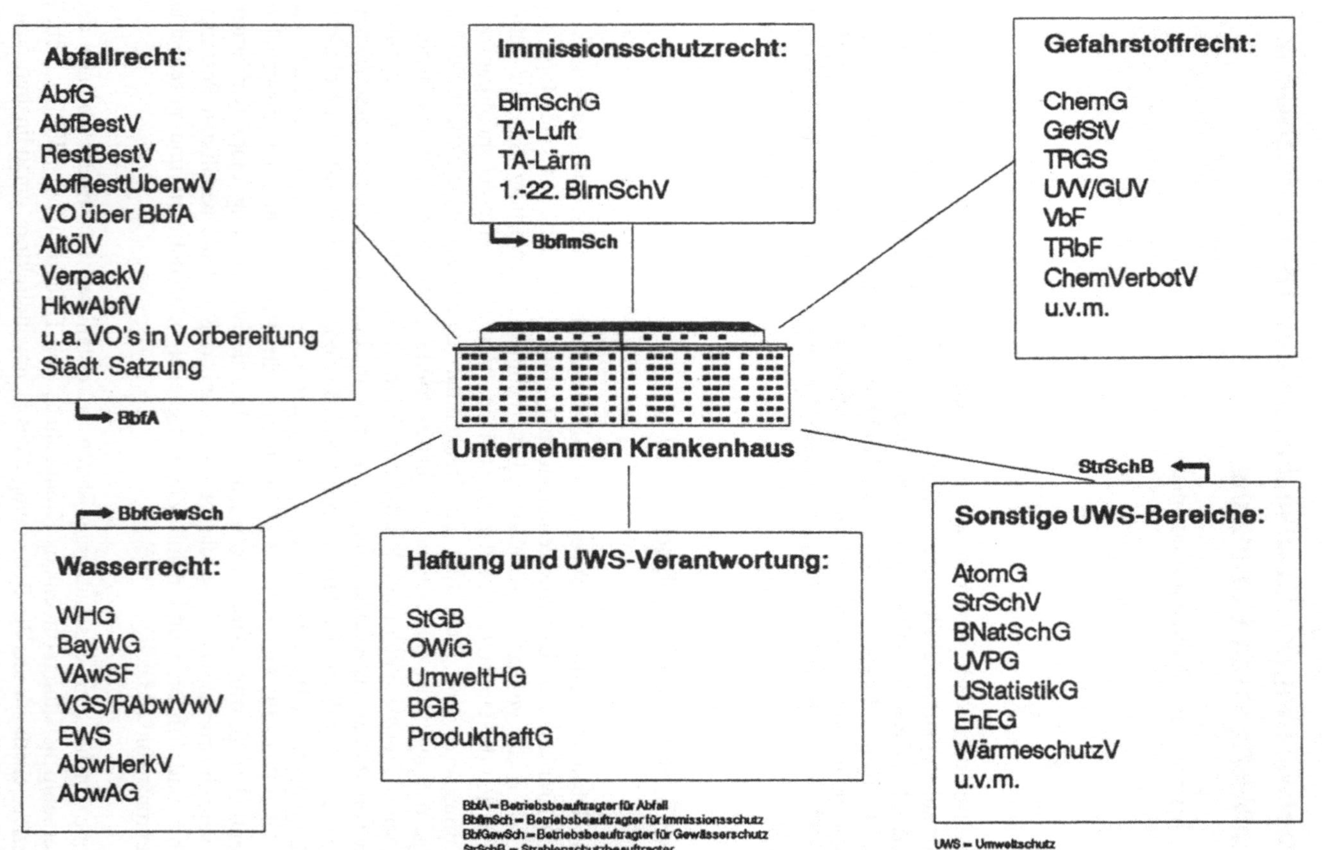

Abb. 1. Die wichtigsten Umweltvorschriften im Krankenhaus

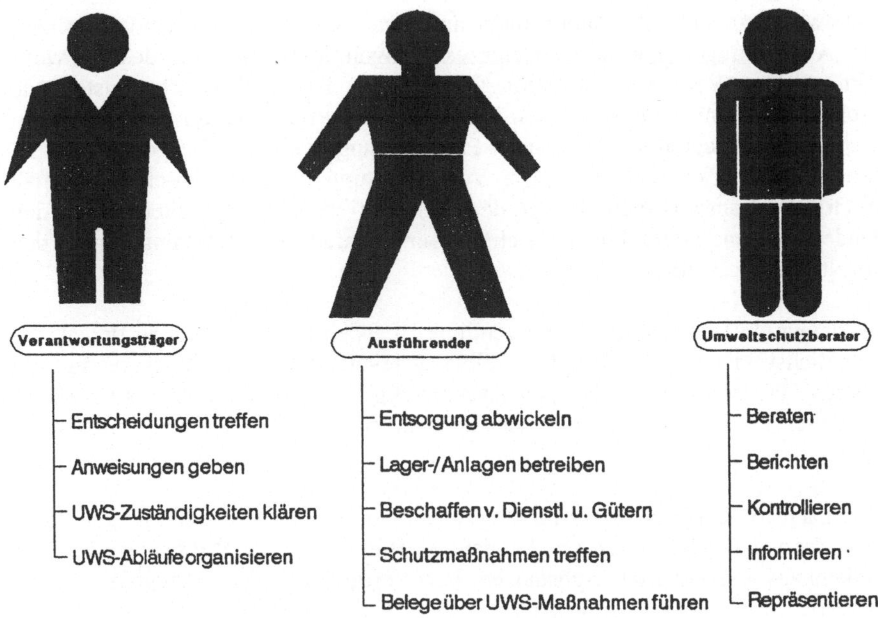

Abb. 2. Umweltschutz im Krankenhaus

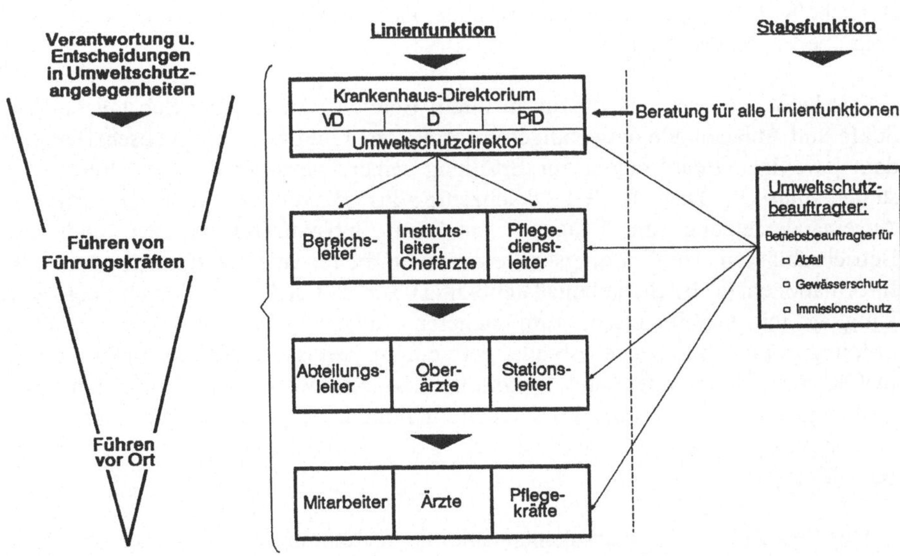

Abb. 3. Verantwortungs-/Entscheidungsebenen im Krankenhaus

Da Umweltentscheidungen häufig nicht nur organisatorische, sondern auch finanzielle Auswirkungen haben, erscheint es sinnvoll, die Aufgaben des Umweltdirektors dem Verwaltungsdirektor zuzuordnen. Dieser bespricht anstehende Entscheidungen mit dem Ärztlichen Direktor, dem Pflegedirektor und dem Umweltschutzbeauftragten sowie, je nach Fragestellung, weiteren Fachberatern (z. B. Hygiene, Arbeitssicherheit etc.). Die Verantwortung für eine Umsetzung gemäß den Organisationsvorgaben obliegt den Bereichs- und Institutsleitern bzw. den leitenden Ärzten. Diese können sich hierfür ebenfalls der Beratung durch den Umweltschutzbeauftragten bedienen.

Je kleiner ein Haus ist, um so notwendiger ist es, einen Mitarbeiter zu finden, der in möglichst vielen Bereichen über eine ausreichende Qualifikation verfügt. In größeren Häusern kann es dagegen zweckmäßig sein, diese Aufgabe auf mehrere Mitarbeiter zu verteilen (Abb. 4 als Beispiel für den Betriebsbeauftragten für Abfall).

Der nächste Schritt ist die Ermittlung der möglichen Umweltgefährdungen durch den laufenden Betrieb eines Krankenhauses. Hierzu ist eine Erfassung aller vom Krankenhaus eingekauften Substanzen bzw. Produkte, aller erzeugten Abfälle, Reststoffe, Abwässer und Emissionen sowie der betrieblichen Abläufe und betriebenen Anlagen notwendig. Die Beauftragten müssen sich einen Überblick verschaffen können, wie Stoffe verwendet, Abfälle/Reststoffe entsorgt, Abwässer erzeugt, Energien verbraucht werden, Emissionen entstehen und Anlagen betrieben werden. Dies impliziert eine enge Kooperationsbereitschaft aller Beteiligten, was wesentlich dadurch unterstützt werden kann, daß die Leiter der einzelnen Bereiche/Kliniken z. B. als Abfallerzeuger oder Anlagenbetreiber die Verantwortung übertragen bekommen.

Das heißt, daß sie sich für die in ihrem Bereich verwendeten Substanzen/Produkte und Anlagen alle notwendigen Informationen und Unterlagen beschaffen und dem jeweiligen Beauftragten zur Erfüllung seiner Dienstpflichten zur Verfügung stellen müssen. Dies fördert gleichzeitig das Bewußtsein und die kritische Auseinandersetzung im Umgang mit den Substanzen/Produkten und den Betriebsabläufen. Die Führungskräfte und Mitarbeiter sind somit verpflichtet, alle Informationen (z. B. Sicherheitsdatenblätter) zur Abfall-/Reststofferzeugung, zum Umgang mit Gefahrstoffen, zum sicheren Anlagenbetrieb etc. bereitzuhalten, ordnungsgemäß anfallende Abfälle getrennt zu erfassen, vorbeugende Schutzmaßnahmen zu ergreifen und Protokolle und Nachweise über Entsorgung und ordnungsgemäßen Betrieb von Anlagen zu führen. Abbildung 5 zeigt ein solches Organisationsschema am Beispiel der Umsetzung der Gefahrstoff-Verordung (GefStV).

Der Beauftragte ist die krankenhausinterne, fachkompetente Kontroll- und Beratungsinstanz. Er unterstützt sowohl das Direktorium in seiner Unternehmerverantwortung, wie auch die Abteilungsleiter in ihrer untergeordneten Bereichsverantwortung. Er hat beratende Funktion, aber keine Weisungs- und Entscheidungsbefugnis. Diese muß letztendlich bei denen verbleiben, die auch in der Verantwortung stehen. Im Rahmen seiner Aufgaben hat der Beauftragte das Recht, jederzeit alle relevanten Unterlagen einzusehen, er muß mit allen notwendigen Informationen versorgt werden und kann alle betroffenen Bereiche im Krankenhaus jederzeit begehen. Festgestellte Mängel oder vorgeschlagene Änderungen im Betriebsablauf werden vor der Weiterleitung an das Direktorium mit den jeweiligen Bereichsverantwortlichen besprochen. In diesem Zusammenhang sei noch einmal betont, wie wichtig eine klare Kompetenz- und Aufgabenzuordnung ist, die allen betroffenen Mitarbeitern bekannt sein muß.

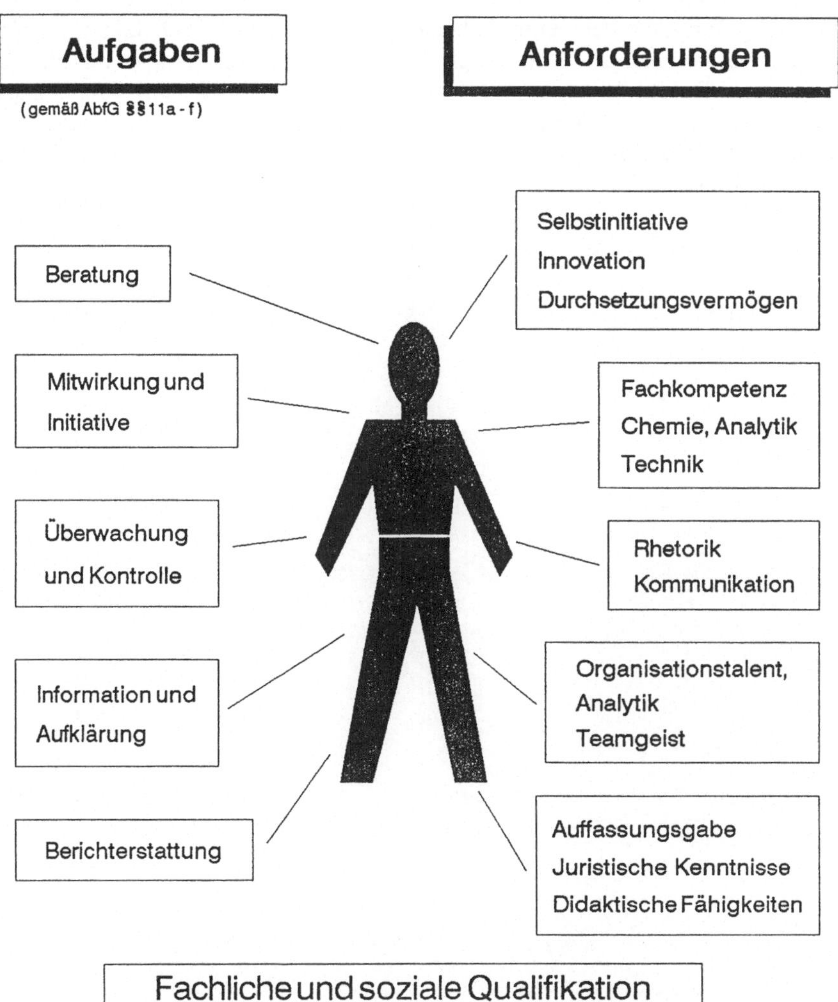

Abb. 4. Betriebsbeauftragter für Abfall – Aufgaben, Funktion und Qualifikation

In Abb. 6 und 7 ist beispielhaft aufgelistet, welche Aufgaben ein Betriebs-beauftragter für Abfall hat und was *nicht* zu seinen Aufgaben gehört. So kann es beispielsweise nicht seine Aufgabe sein, die Entsorgung durchzuführen, da er sich sonst selbst kontrollieren würde.

Deshalb sollte er, wie in Abb. 3 dargestellt, in einer sog. "Stabsfunktion" einge-stellt werden und nicht in die "Linienfunktion" integriert sein, da er sonst für Entscheidungen verantwortlich gemacht werden könnte, die er aufgrund seiner Stellung nicht beeinflussen kann.

Insbesondere in größeren Krankenhäusern kann es somit sinnvoll sein, die Vorbereitung von Unternehmensentscheidungen einer "Umweltschutzkommission" zu übertragen, die einerseits nicht zu groß sein darf, andererseits aber mit allen an Planung und Durchführung von Umweltschutzmaßnahmen im Krankenhaus beteiligten Bereichen fachkompetent besetzt ist. So können von allen Beteiligten bereits im Vorfeld interdisziplinär und umfassend praktikable Lösungen enstehender Probleme erarbeitet werden.

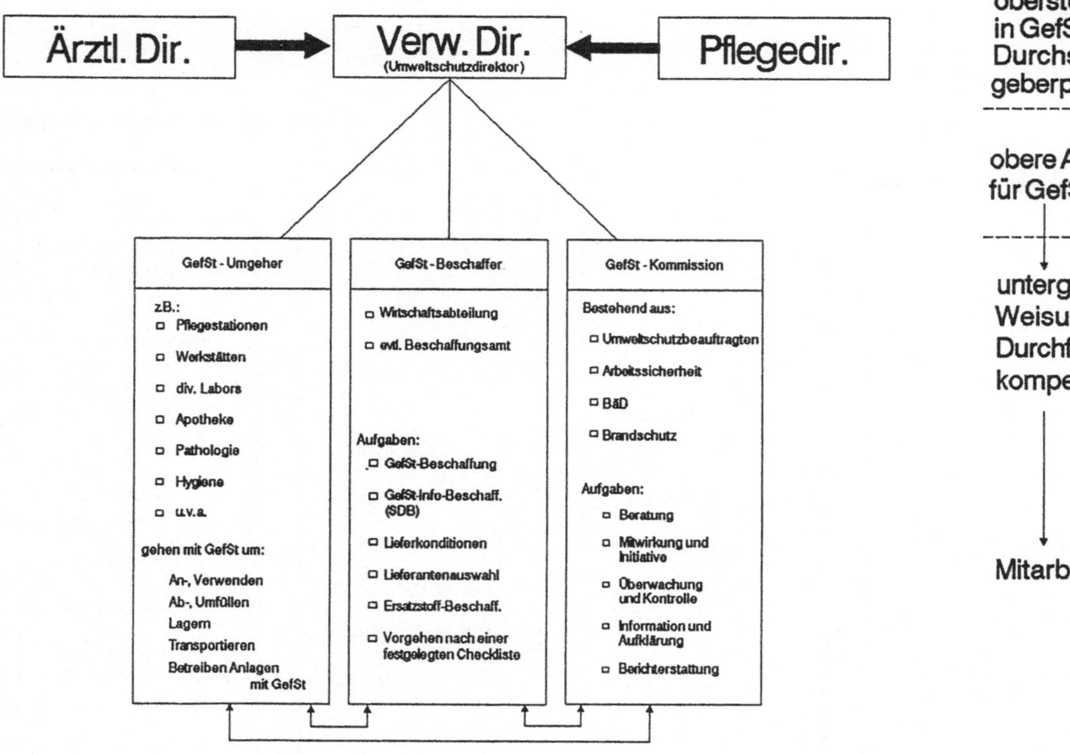

Abb. 5. Aufteilung der Zuständigkeiten im Krankenhaus

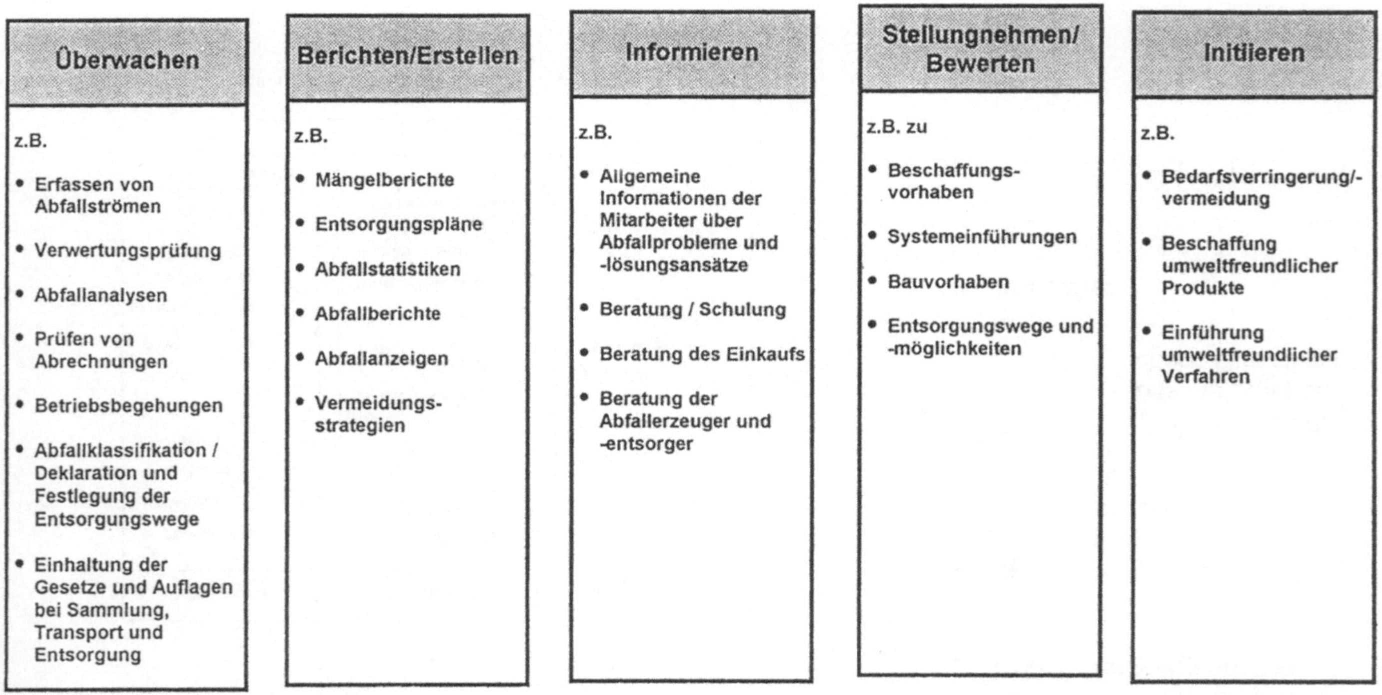

Überwachen	Berichten/Erstellen	Informieren	Stellungnehmen/ Bewerten	Initiieren
z.B. • Erfassen von Abfallströmen • Verwertungsprüfung • Abfallanalysen • Prüfen von Abrechnungen • Betriebsbegehungen • Abfallklassifikation / Deklaration und Festlegung der Entsorgungswege • Einhaltung der Gesetze und Auflagen bei Sammlung, Transport und Entsorgung	z.B. • Mängelberichte • Entsorgungspläne • Abfallstatistiken • Abfallberichte • Abfallanzeigen • Vermeidungs- strategien	z.B. • Allgemeine Informationen der Mitarbeiter über Abfallprobleme und -lösungsansätze • Beratung / Schulung • Beratung des Einkaufs • Beratung der Abfallerzeuger und -entsorger	z.B. zu • Beschaffungs- vorhaben • Systemeinführungen • Bauvorhaben • Entsorgungswege und -möglichkeiten	z.B. • Bedarfsverringerung/- vermeidung • Beschaffung umweltfreundlicher Produkte • Einführung umweltfreundlicher Verfahren

Abb. 6. Was tut ein Abfallbeauftragter?

Beschaffen	Ausführen	Lagerbetreiben	Verantworten
z.B. von:	z.B. in Form von:	z.B. in Form von:	z.B. von:
• Entsorgungs-dienstleistungen	• Abfällen sammeln, transportieren, verpacken, verladen	• Annehmen und einlagern der Abfälle	• Richtigkeit der Abfalldeklaration
• Schutzeinrichtungen	• Entsorgungstermine, Abholungen und Abfallanlieferungen disponieren	• Kennzeichnen der Abfallgebinde	• Unterschriften als Abfallerzeuger, -absender oder Lagerbetreiber
• Sammelbehälter, Container, Kennzeichnungsmittel	• Abfallbegleitende, laufende Papiere (Beförderungspapiere) erstellen und dem Fahrpersonal mitgeben	• Beachten der ordnungsgemäßen Lagerausstattung	• getroffenen oder nicht getroffenen Ent-scheidungen, bzw. Anweisungen der zuständigen Linienstellen
• Embalagen für sicheren und vorgeschriebenen Transport bzw. entstprechend den Anlieferbedingungen der Entsorgungseinrich-tung		• Umfüllen, umpacken von Abfällen in andere Gebinde	• Auftragsvergaben
• Internem oder externem Entsorgungspersonal		• Buchführung über Lagereingänge, -ausgänge und -bestände	• vorhandenen oder nicht vorhandenen Zuständigkeits-regelungen
		• Vorbereitung und Bereitstellung zur Abholung der Abfälle	• Betriebsabläufen und Betriebsorganisation
		• Bereithalten von Abfall-Leergebinden	

Abb. 7. Was tut ein Abfallberater (i. d. R.) nicht?

Ökologie und Entsorgung im Universitätskrankenhaus Eppendorf, Hamburg

Susanne Wolfhagen

Einleitung

Gesundheitswiederherstellung bzw. Gesundheitsschutz ist das Hauptanliegen der Krankenhäuser. Gesundheitsschutz ist ein Teilbereich des Umweltschutzes, denn nur in einer gesunden Umwelt kann ein Mensch gesund bleiben bzw. wieder gesund werden.

Umweltschutz und Gesundheitsschutz sind untrennbar verbunden. Vor diesem Hintergrund sollte Umweltschutz im Krankenhaus eine Selbstverständlichkeit sein. Das dies keineswegs so ist, ist in den Fachkreisen hinlänglich bekannt.

Im Universitätskrankenhaus Eppendorf (UKE) in Hamburg wird Umweltschutz – wenn auch noch nicht sehr groß – so doch immerhin schon geschrieben. Das UKE ist ein Krankenhaus mit ca. 1800 Betten und ca. 6500 Mitarbeitern. Hinter dem Begriff UKE verbergen sich 14 Kliniken, 12 Institute, eine Zentralapotheke, Krankenpflegeschulen, die Verwaltung und der Fachbereich Medizin der Universität Hamburg.

Geschichte des Umweltschutzes im UKE

Nach der gesetzlichen Vorgabe war es auch für das UKE 1986 notwendig geworden, einen Betriebsbeauftragten für Abfall (BfA) zu bestellen. Die Funktion wurde zunächst durch den Leiter der Betriebsabteilung nebenamtlich wahrgenommen. Auf dessen Veranlassung wurde aber bereits 1987 ein hauptamtlicher BfA eingestellt. Die Stelle wurde 1990 mit einer Bioingenieurin neu besetzt.

Im Sommer 1990 ging der sogenannte "Chemieskandal" durch die Hamburger Presse. In einem chemischen Institut der Universität waren Chemikalien unsachgemäß gelagert und nicht entsorgt worden.

Dieses Ereignis führte zu einer hohen Akzeptanz der BfA des UKE bei der Geschäftsleitung und zur Umsetzung verschiedener Schritte aus dem von der BfA vorgelegten "Konzept zur Chemikalienentsorgung für das UKE".

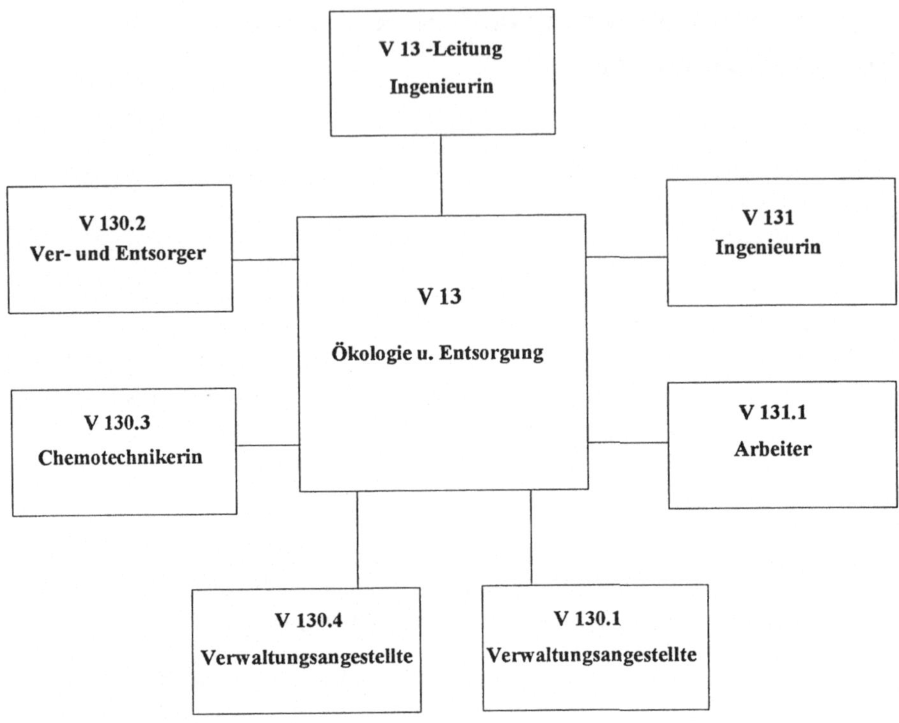

Abb. 1. Verwaltungsabschnitt V 13 "Ökologie und Entsorgung"

Umweltschutz, Gesundheitsschutz und Abfallbeseitigung sind nicht getrennt zu sehen. Aus diesem Selbstverständnis heraus und den ständig steigenden Anforderungen im Umweltschutz und der Entsorgung wurde 1992 im UKE ein eigener Abschnitt "Ökologie und Entsorgung" als Teil der Verwaltungsabteilung installiert (Abb. 1). In diesem Abschnitt sind mittlerweile fünf Vollzeitmitarbeiter und zwei Teilzeitmitarbeiter tätig.

Eine Ingenieurin ist für den Hausmüllbereich zuständig und leitet den Entsorgungsfahrer für die Kartonage und Styropor an. Weiter sind in dem Abschnitt eine Chemotechnikerin (halbtags) und ein Ver- und Entsorger für die Entsorgung und Überwachung der besonders überwachungsbedürftigen Abfälle tätig. Zwei Verwaltungskräfte, eine davon halbtags, sorgen dafür, daß die Abwicklung der Verwaltungstätigkeiten und die Routinetelefonate erledigt werden, zeichnen und versenden Motivationsschriften, führen die Literaturkartei, erledigen die Routineentsorgungen und sind eben die "Superfrauen für alles". Die BfA ist mit der Leitung des Abschnittes betraut, hält die Außenkontakte, führt Schulungen durch und bearbeitet innerhalb der besonders überwachungsbedürftigen Abfälle die krankenhausspezifischen Abfälle.

Im Juni 1993 wurde ein zweites Umweltkonzept für das UKE erarbeitet. Insbesondere vor dem Hintergrund des Gesundheitsstrukturgesetzes zeigt es Einsparmöglichkeiten bei der Entsorgung und Strategien zur Verbesserung des übergeordneten Anspruchs des Umweltschutzes im UKE auf.

Einbindung des Abschnittes "Ökologie und Entsorgung" in die Verwaltungsstruktur des UKE

Wie die meisten Krankenhäuser besitzt das UKE ein Direktorium, in dem die wesentlichen Gruppierungen des Krankenhauses vertreten sind. Im UKE sind dies der Ärztliche Direktor, die Pflegedienstleitung und der Kaufmännische Direktor. Der Kaufmännische Direktor gehört zum Management des UKE, das zusammen mit dem Direktor der Administration und dem Direktor des Betriebes die Verwaltung des UKE leitet. Diese Struktur ist seit August 1993 installiert. Im Laufe der nächsten Zeit soll die Verwaltung des UKE umstrukturiert werden, so daß an dieser Stelle die bisherige Anbindung der "Ökologie und Entsorgung" vorgestellt werden soll, allerdings mit dem für die Zukunft möglichen Ausblick.

Das Management leitet verschiedene Verwaltungsabteilungen:

- V 1   Verwaltungsabteilung,
- V 2   Wirtschaftsabteilung,
- V 3   Bauabteilung,
- V 4   Technische Abteilung,
- V 5   Personalabteilung,
- V 6   Organisationsabteilung,
- V 7   Finanz- und Rechnungswesen,
- V 8   Rechtsabteilung,
- V 9   Apotheke.

Bisher ist der Abschnitt V 13, "Ökologie und Entsorgung", ein Teil der Verwaltungsabteilung V 1 des UKE (Abb. 2). Dies ist aus der Tatsache entstanden, daß der Verwaltungsleiter – seinerzeit noch Leiter der Betriebsabteilung V 12 – der erste BfA war.

Die Einbindung des Abschnittes in die Linie führt zu verschiedenen Schwierigkeiten:

- Die Leiterin des Abschnittes überwacht mit der gleichzeitigen Funktion als BfA quasi die eigene Arbeit. Dadurch, daß keine Stabstelle vorhanden ist, erfolgt die direkte Beratung des Managements nur in Not- oder Gefahrensituationen, sonst ist der Leiter der Verwaltungsabteilung der direkte Ansprechpartner. Dies hat in der Vergangenheit z. T. zu erheblichen Verzögerungen bzw. auch zur Verhinderung von Projekten geführt.

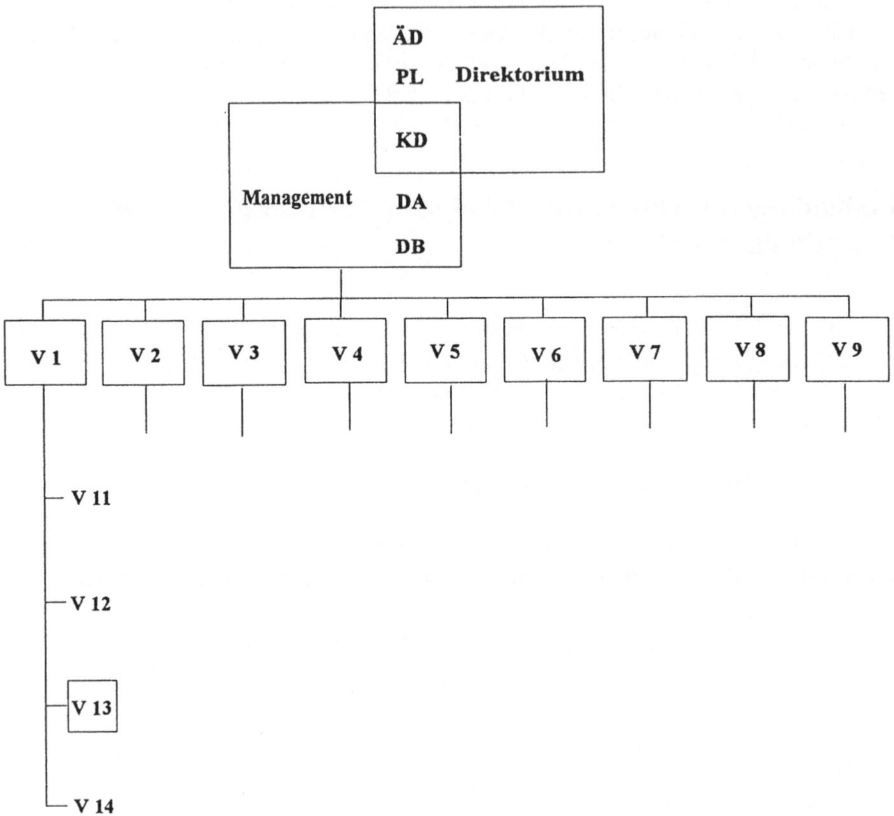

Abb. 2. Bisherige Anbindung des Abschnittes V 13 "Ökologie und Entsorgung" in die Verwaltungsabteilung V 1; *ÄD* Ärztlicher Direktor, *PL* Pflegedienstleitung, *KD* Kaufmännischer Direktor, *DA* Direktor der Administration, *DB* Direktor des Betriebes

- Die Abschnittsleitung führt außerdem zu einer erheblichen zusätzlichen Belastung der BfA durch die Aufgabe der Mitarbeiterführung. Die hierfür erforderliche Zeit kann fachlich nicht direkt eingesetzt werden. Die Einbindung in die Linie hat andererseits den Vorteil, daß ein direkter Kontakt zur eigentlichen "Entsorgung" und damit zur eigentlichen Basis erhalten bleibt. Die auftretenden Schwierigkeiten werden direkt weitergemeldet.
- Konzeptionelle Arbeiten zur Abfallvermeidung, Überwachungsaufgaben, Beratungen bei Investitionsentscheidungen und Schulungsaufgaben leiden allerdings darunter.
- Bei der Umstrukturierung der Verwaltung durch das neue Management wird auch eine neue Anbindung des Abschnittes "Ökologie und Entsorgung" diskutiert.

- Als eine Möglichkeit wird die Einrichtung einer Stabstelle für "Ökologie" mit Abtrennung der Linie "Entsorgung" diskutiert.
- Wichtig ist, der Geschäftsleitung deutlich zu machen, daß Ökologie und Gesundheitsschutz eng verbunden sind und daher die Ökologie im Krankenhaus aufgewertet werden muß. Ökologie muß mehr sein, als "nur" Entsorgung. So müssen z. B. die Umweltmedien Luft, Wasser und Boden mehr in die Überlegungen eingeschlossen werden, Energiebilanzen müssen betrachtet werden, Stoffkreisläufe müssen erstellt werden usw.
- Diese Aufgaben sind übergeordneter Natur. Es bietet sich daher an, sie in Verbindung mit den Aufgaben der BfA (Überwachung, Beratung, Schulung) in einer Stabsstelle (mit mehreren "Umweltmitarbeitern") unterzubringen.
- In diesem Zusammenhang stellt sich die Frage, wo die eigentliche "Entsorgung" dann in der Linie angebunden werden sollte, welche Stellen der "Stabstelle" und welche der "Linie" zugeordnet sein sollten. Außerdem gibt es Überschneidungen zwischen den stabstellen- und den linienbezogenen Tätigkeiten.
- Die zweite Möglichkeit ist, "Ökologie" und "Entsorgung" gekoppelt zu lassen. Nach dem Abfallgesetz ist dies möglich. Damit bliebe auch die Linieneinbindung.

Einbindung in die Linie beinhaltet, daß eine Hierarchie sowohl innerhalb der Gruppe "Ökologie und Entsorgung" als auch innerhalb des UKE besteht. Als "Abschnitt" ist V 13 derzeit in die Verwaltungslinie eingebunden. Das Management und der Leiter der Verwaltungsabteilung können dem Abschnitt Weisungen erteilen und müssen Maßnahmen, die V 13 treffen will, zustimmen. V 13 kann in der Regel *nicht* Weisungen erteilen an Mitarbeiter in den Kliniken oder Instituten. Vor Ort darf nur beraten werden. (Für die Person der " Betriebsbeauftragten für Abfall " oder ihre Vertreterin entfällt in Not- oder Sonderfällen die Weisungsgebundenheit, da das Abfallrecht dann auch eine direkte Berichtspflicht an den "Unternehmer" vorsieht. Eine Weisungsmöglichkeit innerhalb der Kliniken und Institute ist auch dann nicht gegeben.)

Bei der entsprechenden (und notwendigen) Aufwertung der "Ökologie" und Zusammenfassung der ökologischen Aufgaben bedeutet dies gleichzeitig, daß neben der "Entsorgung" noch weitere Bereiche hinzukommen müßten. Dies wäre z. B. eine Linie "Gewässerüberwachung", eine Linie "Immissionsüberwachung" oder eine Linie "Energieüberwachung" (Abb. 3). Damit würde eine relativ große Gruppe entstehen, die als eigenständige "Abteilung Ökologie" direkt der Geschäftsleitung unterstellt sein könnte. Damit wäre die Anbindung nach oben und die Berichtspflicht ähnlich wie in einer Stabstelle.

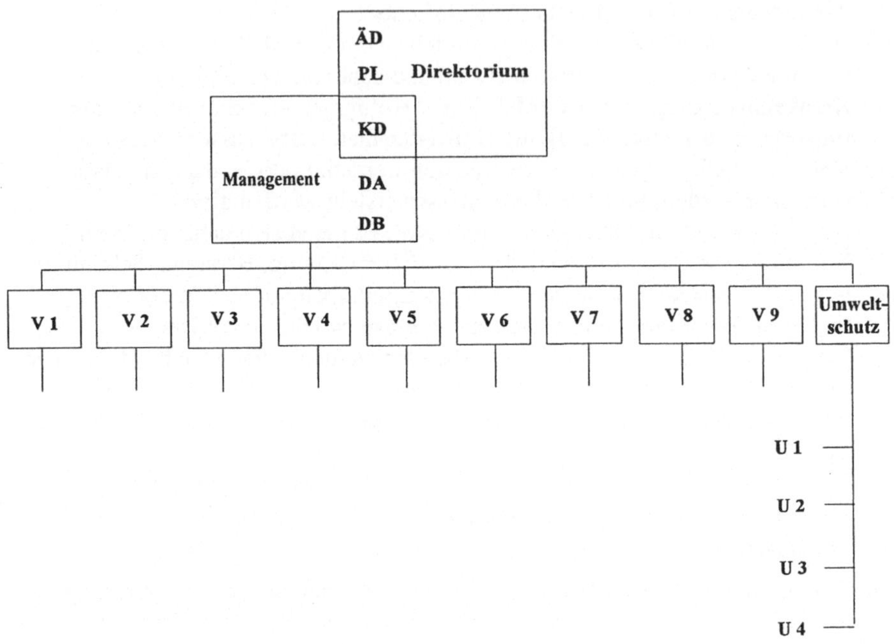

Abb. 3. Mögliche Anbindung der neuen Abteilung "Umweltschutz" mit den Abschnitten U 1 bis U 4 wie z. B. Immissions-, Gewässer-, Energieüberwachung, Entsorgung

Weitere Strukturen im Umweltschutz im UKE

a)   Umweltkommission

Bereits in dem Konzept von 1990 wurde die Einsetzung einer Umweltkommission (Umko) für das UKE angeregt. Im Januar 1991 griff der Ärztliche Direktor dies auf und veranlaßte die Bildung einer derartigen Kommission. Sie konstituierte sich in diesem Jahr, formulierte Ziele und nahm schließlich im Januar 1992 ihre Tätigkeit offiziell auf.

Die Kommission arbeitet funktionsbezogen. Der Mitgliederkreis ist bewußt eng gehalten. Bei Fachfragen werden die einzelnen Fachabteilungen hinzugezogen. Die Kommission tagt etwa alle zwei Monate.

Ständige Mitglieder der Kommission sind:

– Ordinariat für Umwelthygiene,
– Krankenhaushygiene,

- Personaluntersuchung,
- Fachkräfte für Arbeitssicherheit,
- Apotheke,
- eine Vertretung aus dem Pflegebereich,
- Beschaffung,
- Ökologie und Entsorgung.

Der Leiter des Ordinariats für Umwelthygiene ist der Vorsitzende der Kommission, die BfA stellvertretende Vorsitzende. Sie ist gleichzeitig Schriftführerin. Die Sitzungen sind generell auf maximal eine Stunde beschränkt.

Die Kommission erarbeitet praxisrelevante Empfehlungen bezüglich der verschiedenen umwelthygienischen Probleme und Fragen des Umweltschutzes im UKE. Dabei wurden folgende Prioritäten gesetzt :

1. Abfall (Schwerpunkt Vermeidung),
2. Lärm (Verkehr, Stationen, Baulärm),
3. Arbeitssicherheit (z. B. Ethylenoxid),
4. Emissionen (z. B. Ethylenoxid),
5. Abwasser,
6. Naturschutz,
7. Gesundheitsschutz (z. B. Ernährung).

Die Aufgabenliste muß nicht vollständig sein und stellt keine absolute Rangfolge dar. Die Kommission sieht ihre Hauptaufgabe bei der Erarbeitung von Empfehlungen in der Gesundheitsvorsorge und Prävention von Umweltschäden. Sie übernimmt dabei die Koordinierung der verschiedenen Interessen der Fachabteilungen hinsichtlich der Umweltfragen, ohne die spezifischen gesetzlichen Aufgaben dieser zu berühren. Die Kommission legt dem Direktorium ihre Empfehlungen ggf. mit einer Beschlußfassung für deren Umsetzung vor. Die Kommission ist jederzeit bereit, alle Anfragen und Anregungen bezüglich Umwelthygiene/Umweltschutz aufzunehmen.

Die Kommission will den verschärften Anforderungen des Umweltschutzes und des Gesundheitsschutzes gerecht werden, zur präventiven Vermeidung von Umweltschäden und daraus resultierenden wirtschaftlichen Nachteilen sowie nicht zuletzt zur positiven Darstellung des UKE in Sachen Umweltschutz nach außen dienen.

Sie erarbeitet derzeit auf der Basis eines Fragebogens mit sehr guter Resonanz aus den einzelnen Bereichen eine Liste von Einmalartikeln, für die es vernünftige Mehrwegalternativen gibt bzw. die für die Ausführung der Tätigkeiten vor Ort nicht essentiell erforderlich sind.

b)   Umweltschutzbeauftragte in den Bereichen
Die Größe und die weite räumliche Verteilung des UKE (Pavillonbauweise) macht es für die Mitarbeiter des Abschnittes Ökologie und Entsorgung schwierig, die Mitarbeiter der einzelnen Kliniken, Institute und Verwaltungsteile direkt anzusprechen.

Dies hat dazu geführt, nach Lösungen zu suchen, wie der direkte Kontakt geschlossen werden kann.

Ebenfalls im Januar 1992 wurden auf Betreiben der BfA die Bereiche durch den damaligen Verwaltungsdirektor aufgefordert, sogenannte Umweltschutzbeauftragte zu benennen. Das Schreiben war an alle Klinik-, Instituts- und Verwaltungsleiter sowie Leiter der sonstigen Einrichtungen im UKE gerichtet.

Nachdem ursprünglich für jeden Bereich nur ein Umweltschutzbeauftragter benannt werden sollte, stellte sich doch relativ schnell heraus, daß dies für die großen Bereiche nicht ausreichend war. Auch Bereichsleiter, die sich besonders für den Umweltschutz oder die Belange ihrer Mitarbeiter einsetzen, meldeten z. T. mehrere Umweltschutzbeauftragte.

Zunächst sind die Umweltschutzbeauftragten Ansprechpartner für die Mitarbeiter aus dem Abschnitt "Ökologie und Entsorgung". Dies bedeutet, daß sie über alle umweltrelevanten Neuerungen oder Maßnahmen als erste informiert werden. Ihre Aufgabe besteht dann darin, diese Neuerungen und Maßnahmen in ihrem Bereich umzusetzen bzw. ihre Kollegen zu informieren.

Um diese Aufgabe optimal erfüllen zu können, werden sie zu entsprechenden Schulungen eingeladen. Diese Schulungen finden vierteljährlich statt und dauern nicht mehr als eine Stunde.

Weiterhin sind Umweltschutzbeauftragte Ansprechpartner für ihre Kollegen in ihrem Bereich in allen umweltrelevanten Fragen. Dies bedeutet, daß zwischen den Umweltschutzbeauftragten und dem Abschnitt "Ökologie und Entsorgung" ein relativ enger Kontakt bestehen muß. Fragen, die nicht von den Umweltschutzbeauftragten bereits beantwortet werden können, werden weitergegeben und von dem Abschnitt bearbeitet. Die Ergebnisse werden an die Umweltschutzbeauftragten zurückgegeben.

Derzeit sind dem Abschnitt "Ökologie und Entsorgung" 58 Umweltschutzbeauftragte benannt. Dies sind Mitarbeiter aus allen Hierarchieebenen, Professoren und Schwestern, Pfleger und MTAs, Sekretärinnen und Verwaltungsangestellte, Klinikverwalter und Hausmeister. Sie alle sind nebenamtlich Umweltschutzbeauftragte. Einige haben sich freiwillig gemeldet, andere wurden bestellt. Dies führt dazu, daß auch das Engagement und die eigene Motivation sehr unterschiedlich ist.

Motivationsstrategien
Um die Mitarbeiter zu motivieren und die Arbeit des Abschnittes "Ökologie und Entsorgung" immer wieder in das Gedächtnis der Mitarbeiter zu bringen, werden im UKE verschiedene Strategien verwendet:

Präsenz vor Ort

Alle Mitarbeiter des Abschnittes "Ökologie und Entsorgung" sind angehalten, häufig vor Ort zu gehen und dort Beratungen und Schulungen durchzuführen. Die Effektivität dieser Strategie ist sehr hoch, die hohe zeitliche Belastung der Mitarbeiter des Abschnittes macht die Durchführung häufig schwierig.

Umweltkommission und Umweltbeauftragte

Die Umko (s. oben) ist im UKE relativ wenig bekannt. Dies liegt daran, daß sie in einem relativ begrenzten Kreis tagt und bisher noch wenig "außenwirksame" Ergebnisse vorlegen konnte.

Bekannter sind die Umweltschutzbeauftragten (s. oben). Viele der Mitarbeiter der verschiedenen Bereiche wissen mittlerweile, daß es Umweltschutzbeauftragte gibt, und wer der Umweltschutzbeauftragte ihres Bereiches ist. Eine Aufwertung der Stellung der Umweltschutzbeauftragte, z. B. durch eine zusätzliche Vergütung oder hauptamtliche Tätigkeit wäre wünschenswert.

Einheitliches Logo

Der Abschnitt arbeitet seit Übernahme der Stelle des BfA durch die derzeitige Ingenieurin mit einem einheitlichen Logo, der "Brunhilde". "Brunhilde" taucht auf allen Informationsschreiben des Abschnittes, dem regelmäßig erscheinenden "Umwelt-Info" und der Entsorgungsfibel sowie am "Tag der Umwelt" (s. unten) des UKE wieder auf. Sie wird jeweils dem aktuellen Bezug angepaßt.

Entsorgungsfibel und Entsorgungsplan

Für das UKE wurden eine Entsorgungsfibel und ein Entsorgungsplan aufgestellt. Die Fibel enthält alle im UKE routinemäßig anfallenden Abfälle und deren Entsorgungswege. Sie ist als Loseblattsammlung in einem Ringbuch gefaßt und kann ergänzt werden. Sie ist bewußt in einfacher Sprache gestaltet. Verschiedenfarbige Papiere für die einzelnen Abfallgruppen erleichtern das Auffinden der Abfälle für die Mitarbeiter vor Ort. "Brunhilde" taucht darin in kleinen Zeichnungen als diejenige auf, die alles kann, alles weiß und alles richtig macht.

Parallel dazu gibt es einen Entsorgungsplan als Kurzfassung der Entsorgungsfibel. Hier tauchen die gleichen Farben wie in der Fibel wieder auf. Der Plan ist auf abwaschbarem Papier gedruckt und kann – ähnlich wie die Desinfektionspläne – an die Wand gehängt werden.

Die Fibel und der Plan wurden den Umweltschutzbeauftragten vorgestellt, und die benötigten Exemplare konnten bei diesen bestellt werden. Zusätzlich werden Exemplare bei Schulungen oder auf Anfrage verteilt (Abb. 4).

Umwelt-Info

In regelmäßigen Abständen (ungefähr monatlich) verfaßt der Abschnitt eine Mitarbeiter-Umweltzeitung und verteilt diese breitgestreut im UKE.

ABFALL-GRUPPE	ZUORDNUNG	ABFALLART	GENAUE HINWEISE HEFTER SEITE	ABFALLART UNTERGRUPPE	BEHÄLTER VERPACKUNG VORBEHANDLUNG	BEHÄLTER BESTELLUNG ÜBER	AUF-KLEBER	ENTSORGUNG
A	HAUSMÜLL UND HAUSMÜLLÄHNLICHE ABFÄLLE	Altpapier	– 10 –		ohne		ohne	Altpapiercontainer
		Altglas	– 11 –		ohne		ohne	Altglascontainer
		Metalle	– 12 –	Aluminium	Karton oder Tüte	Reinigungsdienst	ohne	Anmeldung bei V 13, Tel. 2078
				Blei	Karton oder Tüte	ohne	ohne	
				Schrott / Eisen	ohne	ohne	ohne	Anmeldung bei V 1, Transportauftrag
		Sperrmüll	– 13 –		ohne		ohne	
			– 08 – ff	Kartonagen	ohne		ohne	Gitterbox am Haus
		Verpackungen		Papier	ohne		ohne	Altpapiercontainer
				Styropor	0,5 m³-Sack, durchs	V 13, Tel 2078	ohne	Neben der Gitterbox am Haus
				Kunststoffe		V 13, Tel. 2078	ohne	Rückgabe an Firmen oder Restmüll
				Verbundstoffe				
				Holz				
		Restmüll	– 14 –		Blaue Tüte	Reinigungsdienst	ohne	
B	ABFÄLLE, DIE EINER BESONDEREN VORBEHANDLUNG ODER VERPACKUNG BEDÜRFEN	Stechende und schneidende Abfälle	– 19 –		Leerkanister m. Aufkleb., Gelber Eimer	Gelber Eimer über VBA	Glasbruch V 13	Restmüllcontainer
		Abfälle aus biolog. Laboratorien	– 20 –		Autoklavieren in offener Tüte	Reinigungsdienst	ohne	
		Datenträger	– 16 –		Dasslerkiste	wird gestellt	ohne	Anmeldung V 13
		Essenreste (Drank)	– 21 –		Dranktonne	V 13, Tel. 2078	ohne	
C	ABFÄLLE, DIE IN EINER SPEZIELLEN ANLAGE BESEITIGT WERDEN MÜSSEN (KRANKENHAUS-SPEZIFISCHE ABFÄLLE)	Organteile	– 24 –				Abfall-erzeuger Quecksilber	Abholung durch VTK, Tel. 2077
		Zytostatika	– 27 –	Zytostatika und kontaminierte Abfälle	Schwarze Tonne (KAS)	VTK, Tel 2077	Abfallerz. Zytostatika Quecksilber	
		Infektiose Abfälle	– 25 – ff	Naßabfall Trockenabfall			Abfall-erzeuger Quecksilber	
D	ABFÄLLE, DIE EINER BESONDEREN ÜBERWACHUNG BEDÜRFEN (SONDERABFÄLLE)	Chemikalien, Menge über 5 l oder 5 kg	– 28 – ff		10-l-Kanister oder weißes Faß		Gelb Aufkl GGVS-Aufkl E-Nummer	
		Mit Chemikalien behaft. Betriebsmittel	– 44 –		Weißes Faß	Bestellformular für Leergut und Aufkleber an V 13	Gelber Aufkleber E-Nummer	Anmeldung bei V 13 mit Formular „Begleitschein Chemikalien-Entsorgung"
		Fotochemikalien	– 46 –	Kleinmengen	10-l-Kanister			
		Altöl	– 50 –					

Abfall	Nr.	Zustand	Behälter/Verpackung	Verfahren	Aufkleber	Entsorgung
Ethidiumbromid	– 36 –		Abfall in 2-l-Behälter in weißes Faß		Gelber Aufkleber	An Apotheke
Quecksilber	– 41 –		1-l-Behalter, Bruch m Mercurisorb-Binden		GGVS-Aufkl (61) E-Nummer	An Apotheke
Burosonderabfalle	– 43 –		ohne oder Karton		Gelber Aufkleber	Behälter am Papierbunker
Leergebinde	– 45 –	Ehem Inhalt flussig	ruckstandsfrei spulen		ohne	Altglascontainer
Leergebinde		Ehem Inhalt fest oder pastos	Apothekenkiste	Apotheke	ohne	Abholung d VTK 2077
Radioaktive Abfalle	– 51 – ff	H 3, C 14, $^{1}/_{100}$ unter der Freigrenze	Weißes Faß	Bestellformular f Leergut und Aufkleber an V 13	Gelb Aufkl GGVS, A (3)	Anmeldung bei V 13 Begl-S Chem. Ents.
Radioaktive Abfalle		P 32, vollstandig abgeklungen	Weißes Faß		ohne	Restmullcontainer
Radioaktive Abfalle		ubrige	Tonne v Amersham Buch	Apotheke	vorhanden	Abh Amersham Buch
Chemikalien. Menge unter 5 l oder 5 kg	– 33 – ff		Material wird gestellt, Chem werden gepackt	wird gestellt	wird gestellt	Anmeldung bei V 13 mit Formular „Begleitschein Chemikalien-Entsorgung"
Rontgenfilme	– 46 –		Karton oder Tüte	ggf Reinigungsd	Gelber Aufkleber	
Asbesthaltige Kleinteile	– 49 –		staubdicht in Plastiktute	ggf Reinigungsd	Gelber Aufkleber	
Batterien	– 47 –		Karton, weißes Faß oder Tute (Mengenabholung)	Faß uber Formular an V 13		
Weitere						
Wundverbande	– 54 – ff	Infektios	Dampfdurchlassiger Beutel (noch schwarze Tonne)	V 13, Tel 2078	Abfallerz GGVS-Aufkl. 61 A	Abholung durch VTK, Tel 2077
Wundverbande		Stark verschmutzt (tropfend)	Dampfdurchlassiger Beutel (noch schwarze Tonne)	V 13, Tel 2078	Abfallerz GGVS-Aufkl. 61 A	Abholung durch VTK, Tel 2077
Wundverbande		Leicht verschmutzt (angetrocknet)	Blaue Mulltute	Reinigungsdienst	ohne	Restmullcontainer
Korper-flussigkeiten	– 55 –	Infektios Nicht infektios	ohne			Kanalisation
Korper-flussigkeiten		Im Beutel (falls unbedingt erforderlich)	Schwarze Tonne	VTK, Tel 2077	Abfallerz Quecksilber	Abholung durch VTK, Tel 2077
Tierkorper	– 56 –					In jedem Fall uber Frau Leitner, Tel. 2529

(Gruppe E: Wundverbande, Korper-flussigkeiten, Tierkorper)

LEGENDE:

V 13 = Ökologie und Entsorgung Tel 3078 / 2078

VTK = Versorgungs- und Transportkolonne Tel 2077

VBA = Verwaltung, Beschaffung

Aufkleber:
GGVS, 3 = Flamme
GGVS, 6.1 = Totenkopf
GGVS, 61 A = Ähre
GGVS, 8 = Verätzte Hand

Aufkleber erhalten Sie mit dem Formular· Bestellung von Leergut und Aufklebern

Aufkleber für Schwarze Tonnen uber Tel. 2078.

Formulare und Entsorgungsnummern (E-Nummer) erhalten Sie im Papierbunker.

Abb. 4. Entsorgungsplan

Das "Umwelt-Info" besteht aus einem offiziellen Teil, in dem relevante Neuerungen im Entsorgungsbereich, allgemein interessierende Nachrichten aus dem Umweltbereich des UKE oder auch das Umweltengagement einzelner Mitarbeiter dargestellt werden. Zusätzlich enthält es einen inoffiziellen Teil, in dem Umwelttips aus Zeitschriften, Spiele oder Buchtips gegeben werden. "Brunhilde" ziert jeweils in anderer "Verkleidung" die erste Seite.

Das "Umwelt-Info" hat eine hohe Akzeptanz und führt jeweils nach Erscheinen zu einer erhöhten Zahl von interessierten Anrufen.

Tag der Umwelt im UKE
Einmal jährlich gestaltet der Abschnitt "Ökologie und Entsorgung" einen "Tag der Umwelt". Er wird nach Möglichkeit am 5. Juni, dem offiziellen Tag der Umwelt, durchgeführt.

An diesem Tag führt der Abschnitt eine Aktion, z. B. in Form eines Preisausschreibens, eines Kinderumwelttages oder einer Rallye zu Fuß oder per Fahrrad durch. Gekoppelt wird diese Aktion mit der Darstellung der Arbeit des Abschnittes auf Plakatwänden. Auch hier ist "Brunhilde" wieder vertreten.

Es hat sich herausgestellt, daß attraktive Gewinne die Zahl der Interessenten an derartigen Aktionen erheblich erhöhen.

Zusammenfassung

Im UKE wurde bereits 1987 eine hauptamtliche Stelle für einen Betriebsbeauftragten für Abfall (BfA) geschaffen, aus der sich der Abschnitt "Ökologie und Entsorgung" mit mittlerweile fünf Vollzeit- und zwei halbtags tätigen Mitarbeitern entwickelte.

Der Abschnitt ist in der Verwaltungsabteilung in die Linie eingebunden. Mit der Übernahme der Leitung der Verwaltung des UKE durch ein Management im August 1993 ist hier mittelfristig eine neue Anbindung und eine Aufwertung des Umweltschutzes zu erwarten.

Im UKE ist eine Umweltkommission und außerdem Umweltschutzbeauftragte in allen Bereichen tätig.

Die Mitarbeiter des Abschnittes sind aufgefordert, möglichst häufig vor Ort beratend oder schulend tätig zu sein.

Zur Motivation und Information der Mitarbeiter werden außerdem die Entsorgungsfibel, der Entsorgungsplan, das "Umwelt-Info" und der "Tag der Umwelt" eingesetzt. Ein gleichbleibendes Logo sorgt für den Wiedererkennungseffekt.

Anforderungsprofil an die Betriebsbeauftragten fü Abfall

Heike Witt

Bestellung von Betriebsbeauftragten für Abfall im Krankenhaus

Einrichtungen, in denen regelmäßig besonders überwachungsbedürftige Abfälle ("Sonderabfälle") anfallen, haben eine/n Betriebsbeauftragte/n für Abfall (BbA) zu bestellen; vgl. hierzu § 11a Abfallgesetz (AbfG) und Verordnung über Betriebsbeauftragte für Abfall (AbfBetrV).

Gemäß § 1 Abs. 1 Nr. 7 der AbfBetrV ist auch in Krankenhäusern ein/e Betriebsbeauftragte/r für Abfall zu bestellen.

Der/dem Betriebsbeauftragten für Abfall werden in § 11b AbfG verschiedene Aufgaben zugewiesen:
- Überwachungsfunktion:
  - Kontrolle der Abfallströme,
  - Einhaltung gesetzlicher Vorgaben,

- Initiativfunktion:
  - Entwicklung und Einführung umweltfreundlicher Arbeitsweisen und Materialien,

- Stellungnahmen:
  - Stellungnahme zu abfallrelevanten Investitionsentscheidungen,

- Informationsfunktion:
  - Information und Aufklärung der MitarbeiterInnen,

- Berichtspflicht:
  - Jahresbericht.

Diese allgemein beschriebenen Aufgaben sind – bevor über eine quantitative und/oder qualitative Stellenausstattung nachgedacht werden kann – für den Krankenhausbetrieb zu konkretisieren.

Tätigkeiten einer/eines Betriebsbeauftragten für Abfall im Krankenhaus

Der mit den o. g. Aufgaben verbundene Tätigkeitskatalog umfaßt im einzelnen z. B. Tätigkeiten wie die Erfassung der Abfallströme innerhalb des Krankenhauses, die Planung der innerbetrieblichen Entsorgungslogistik, die Prüfung von Verwertungs- und Entsorgungswegen, die Initiierung von Abfallverwertungsmaßnahmen, die Erarbeitung von Stellungnahmen bei Veränderungen im Verpflegungssystem des Krankenhauses, die Information der MitarbeiterInnen über Probleme des Umweltschutzes und die entwickelten Ansätze zu ihrer Lösung sowie die Unterrichtung der Krankenhausleitung über die getroffenen und beabsichtigten Umweltschutzmaßnahmen und ihre Auswirkungen auf den Krankenhausbetrieb.

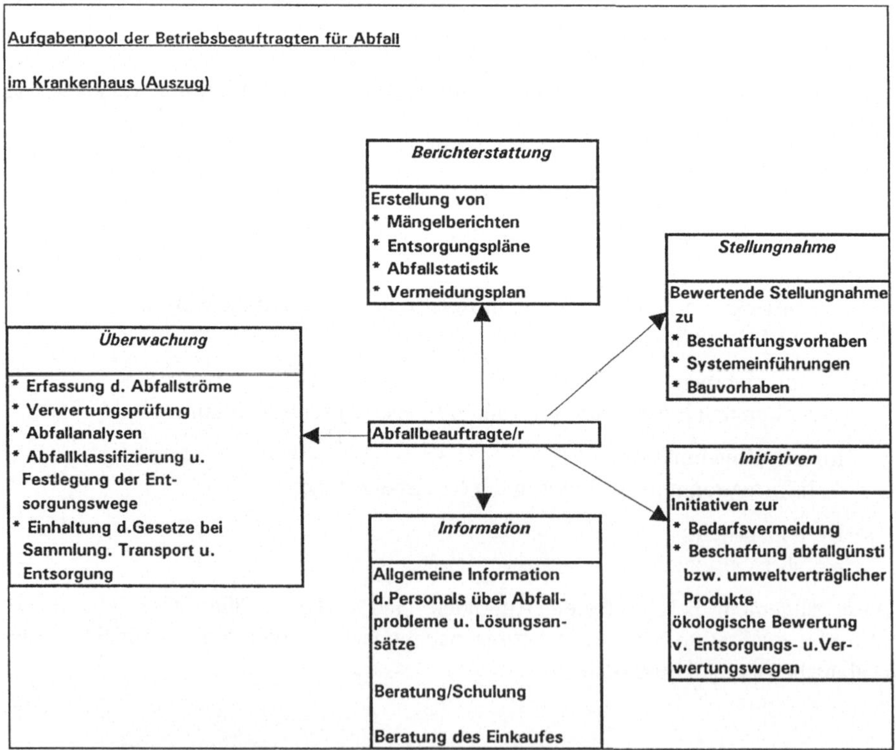

Abb. 1. Aufgaben der Betriebsbeauftragten für Abfall im Krankenhaus

Dabei sind in dem skizzierten Aufgabenkatalog neben Tätigkeiten im Zusammenhang mit der Entsorgung von Sonderabfällen auch Aufgaben im Zusammenhang mit der Vermeidung, Verwertung und Entsorgung von Hausmüll und die Bearbeitung angrenzender Umweltschutzbereiche berücksichtigt.

Weitergehende Aufgaben der Abfallbeauftragten im Krankenhaus

- Reduzierung und Entfrachtung des Hausmülls,
- Stellungnahme zu Beschaffungsentscheidungen,
- Reduzierung des Wasserverbrauches, Schadstoffentfrachtung des Abwassers,
- Initiierung und Umsetzung von Energiesparmaßnahmen.

Hausmüllentsorgung

Die gesetzliche Pflicht zur Bestellung von Betriebsbeauftragten für Abfall ist auf solche Anlagen beschränkt, in denen regelmäßig Sonderabfälle (§ 2 Abs. 2 AbfG) anfallen. Daraus kann jedoch nicht abgeleitet werden, daß die Abfallbeauftragten lediglich für den Bereich der Sonderabfälle verantwortlich sind. Vielmehr kommt nach gutachterlicher Einschätzung gerade der Vermeidung von abfallintensiven Medikalprodukten oder der Organisation der Getrenntsammlung von Wertstoffen eine besondere Bedeutung zu.

Angesichts des hohen Abfallaufkommens der hausmüllähnlichen Abfälle im Krankenhaus und der gerade bei diesen Abfallarten gegebenen Ansätze für eine Abfallvermeidung und -verwertung ist das Bemühen um eine Vermeidung, Verwertung und sachgerechte Entsorgung der hausmüllähnlichen Abfälle eine wichtige Aufgabe der Abfallbeauftragten im Krankenhaus.

Stellungnahme zu Beschaffungsentscheidungen

Das Abfallgesetz sieht eine Stellungnahme der Abfallbeauftragten lediglich bei Investitionsentscheidungen vor; hierunter sind jedoch nicht nur die Investitionen nach Krankenhausfinanzierungsgesetz, sondern auch die Beschaffung anderer Güter zu verstehen. Ansätze zur Abfallvermeidung im Krankenhaus ergeben sich insbesondere bei der Beschaffung von Produkten; die Stellungnahme zu Beschaffungsentscheidungen wird neben der Stellungnahme zu Investitionsentscheidungen als Aufgabe der Abfallbeauftragten angesehen.

Reduzierung des Wasserverbrauches und Schadstoffentfrachtung des Abwassers

Stellungnahmen zur Umweltrelevanz der eingesetzten Produkte erfordern die Einbeziehung des Wasserverbrauches und der Umweltbelastungen z. B. für Reinigungsvorgänge (Vergleich Einweg–Mehrweg) in die Betrachtung. Das Aufgabenfeld "Abfallvermeidung" weist damit Schnittstellen zu anderen Umweltschutzzielen des Krankenhauses, hier Wasserwirtschaft, auf.

40   H. Witt

Reduzierung des Energieverbrauches

Eine Schnittstelle zur Energiewirtschaft ergibt sich ebenfalls bei der ökologischen Produktbewertung (Vergleich Einweg–Mehrweg).

Neben den gesetzlich definierten Kernaufgaben ergeben sich eine Vielzahl weiterer Aufgaben im Zusammenhang mit der Umsetzung von Umweltschutzzielen im Krankenhaus.

Abfallbeauftragte als Multitalente? (Erforderliche Qualifikationen)

Für die Erfüllung der o. g. Aufgaben sind vielfältige Qualifikationen erforderlich; benötigt werden Kenntnisse aus den folgenden Bereichen:

Qualifikation/ Aufgaben	EDV/Statistik	Organisation	Chemie	Toxikologie	Umweltrecht	Betriebswirtschaft	Planungstechniken	Arbeitsorganisation	ökologische Produktbewertung	Marktkenntnisse	Kenntnisse d. Energiewirtschaft	Kenntnis d. Wasserwirtschaft	Kommunikationsfähigkeit	Didaktik
Überwachung	■	■	■	■	■									
Initiativen					■	■	■	■	■	■				
Stellungnahme					■	■	■	■	■	■	■	■		
Information													■	■
Berichterstattung													■	

Abb. 2. Qualifikationen der Betriebsbeauftragten für Abfall

Die vielfältigen Aufgaben der Betriebsbeauftragten für Abfall und die zur Aufgabenerfüllung erforderlichen Qualifikationen lassen sich kaum in einer Person vereinen; Abfallbeauftragte sind *keine* Multitalente, die alle an sie gestellten Anforderungen gleichermaßen erfüllen. In der Regel liegen die Begabungen und Fähigkeiten entweder im konzeptionellen Bereich – d. h. der Mängelanalyse, der Entwicklung von Lösungsansätzen, der ökologischen Produktbewertung – oder im Vollzug – d. h. der praktischen Abfallentsorgung, dem Umgang mit den KrankenhausmitarbeiterInnen u.ä.

Schnittstellen zu anderen Aufgabenbereichen

Die Aufgabenwahrnehmung der Abfallbeauftragten erfolgt nicht isoliert, sondern im Zusammenspiel mit anderen FunktionsträgerInnen im Krankenhaus.

Tabelle 1. Schnittstellen zu anderen Aufgabenbereichen im Krankenhaus

Aufgabe (Beispiele)	Schnittstelle zu... (Beispiele)

Überwachung
- Erfassung d. Abfallströme
- Einhaltung der Gesetze bei
  Sammlung, Transport u.
  Entsorgung
	alle Betriebsstätten
	Materialwirtschaftsverfahren
	Gefahrstoffkataster
	Hygiene
	Krankenhausleitung
	Umweltbehörde

Initiativen
- Bedarfsvermeidung
- Beschaffung abfallgünstiger
  Produkte
- ökologische Bewertung
  v. Verwertungs- u. Ent-
  sorgungswege
- Entsorungsplanung
	Einkauf
	Materialwirtschaftsverfahren
	Gefahrstoffkataster
	Hygiene
	Hol-/Bringedienste
	Krankenhausleitung
	Umweltbehörde

Stellungnahme - Beschaffungsvorhaben - Systemeinführungen - Bauvorhaben	Einkauf Beschaffungskommission Gerätekommission Krankenhausleitung
Information - allgemeine Information des Personals - Schulung u. Beratung	Fort-/Weiterbildung (Umweltbehörde) (Öffentlichkeit)
Berichterstattung	Krankenhausleitung

Aufgrund der Schnittstellen zu anderen Aufgabenbereichen bzw. Krankenhausabteilungen ist es möglich, Teilaufgaben aus dem Tätigkeitskatalog an andere FunktionsträgerInnen im Krankenhaus abzugeben bzw. bei der Aufgabenwahrnehmung zusammenzuarbeiten (dies kann auch eine Verlagerung von Qualifikationsanforderungen zur Folge haben).

Beispiele hierfür sind z. B. die Übertragung von Vermeidungsinitiativen an die Bedarfsstellen und den Einkauf oder die Erweiterung des Materialwirtschaftsverfahrens um umweltrelevante Daten durch den Einkauf.

Personalausstattung

Das Tätigkeitsfeld der Betriebsbeauftragten für Abfall ergibt sich im Zusammenspiel mit anderen Funktionsbereichen/-trägern im Krankenhaus und dürfte daher in
jedem Krankenhaus unterschiedlich sein.

Daraus resultiert eine unterschiedliche quantitative und qualitative Personalaus-
stattung in den Krankenhäusern. Nach gutachterlicher Empfehlung sollte eine
Trennung des Konzeptionellen Umweltschutzes vom Vollzug vorgenommen
werden:

Tabelle 2. Trennung der konzeptionellen Aufgaben von den Vollzugsaufgaben

Konzeption	Vollzug
Umweltrisikoanalyse	*Organisation des Entsorgungswesens gem. Entsorgungs-/Verwertungsplan*
konzeptionelle Planung u. Überwachung der Abfallwirtschaft im Krankenhaus * EDV-gesütztes Abfallkataster * Entsorgungs/Verwertungsplan * Finanzplanung * Vertragsverhandlungen * Controlling (operativer Bereich) * Umsetzung neuer gesetzlicher Vorgaben	* Steuerung der Entsorgungslogistik * Information u. Beratung von Mitarbeitern bei Entsorgungsfragen * Weiterentwicklung d. Entsorgungslogistik * Mithilfe bei Entsorgungsnotfällen
Erstellung des Jahresberichtes	*Überwachung und Kontrolle* * Vermischungverbot v. Sonderabfällen * Hausmüll- u. Wertstoffcontainer * Deklarationsregeln für Abfälle * Veranlassung von Abfallanalysen
Abgabe von bewertenden Stellungnahmen zu Investitions- und Beschaffungsvorhaben	*Erfassung der Abfalldaten*
Entwicklung eines Umweltprogramms für das Krankenhaus	*Abwicklung des Nachweisverfahrens* *Absprachen mit Entsorgern/Verwertern*
Veranlassung und Organisation von Schulungen u. Fortbildungen	*Rechnungsprüfung*
Allgemeine Beratung in Umwelt-fragen	

Zur Aufgabenwahrnehmung wurde (für große Krankenhäuser) ein Personalbedarf
von zwei Stellen empfohlen. Die unterschiedlichen Aufgaben im konzeptionellen
Umweltschutz und im Vollzug erfordern unterschiedliche Qualifikationen:

Tabelle 3. Ausbildung der Betriebsbeauftragten für Abfall

Konzeption	Vollzug
abgeschlossenes Hochschulstudium der Ingenieurswissenschaften, Naturwissenschaften, der Volks- oder Betriebwirtschaftslehre *** Dipl.Ing. Umweltschutz (TU) Schwerpunkt Abfallwirtschaft,Rohstoffwirtschaft u. Ökologie* *** Umweltschutzfachkraft, Umwelt- u. Technologieberaterln o. Abfallwirtschaftsberaterln (Hochschulstudium u. Zusatzausbildung)* abgeschlossenes Fachhochschulstudium in der erforderlichen Fachrichtung *** Dipl.Ing. (FH) mit Studienrichtung Umwelt- und Hygienetechnik oder Bioingenieurswissenschaften (Schwerpunkte Ökologie, Umweltschuz u. Abfallwirtschaft)*	*Abfalltechnikerln* *Ver- und Entsorgerln mit Zusatzqualifikation*

Literatur

Betriebsbeauftragter für Abfall im Krankenhaus. Gutachten im Auftrage des Landesbetriebes Krankenhäuser (LBK), Hamburg (unveröffentlicht); erstellt von Andreas Ahrens; Ökopol, Hamburg 1991

Umfrage der Hamburgischen Krankenhausgesellschaft (HKG) zum Tätigkeitsfeld der Betriebsbeauftragten für Abfall im Krankenhaus sowie Empfehlung des Hamburgischen Arbeitskreises Umweltschutz im Krankenhaus (HAUK) zu dieser Thematik

Organisation und systembedingte Defizite der Abfallorganisation in einer Klinik der Maximalversorgung

Erik Kasper

Einleitung

Entstehung des Abfallbeauftragten

Den ersten Anstoß zur Einführung eines Betriebsbeauftragten für Abfall gab 1973 das Bundesland Hessen im Bundesrat. Dieser Beauftragte sollte von der zuständigen Behörde vorgeschlagen (inkl. Sachkundenachweis) und verpflichtet werden. Er hatte damals nur eine Überwachungsfunktion. Aus diesem Vorschlag wurde der Abfallbeauftragte – als ein Instrument der Selbstkontrolle für das Unternehmen, nicht für die überwachungsführende Behörde. Der Betriebsbeauftragte soll das ökologische Gewissen des Unternehmens sein, dem alle umweltrelevanten Mängel des Krankenhauses anvertraut werden können. In diesem Zusammenhang sei erwähnt, daß schon Anfang der 70er Jahre – also mit dem Beginn staatlicher Umweltpolitik – die Einführung eines Betriebsbeauftragten für Umweltschutz diskutiert wurde.

Die Idee, einen Umweltbeauftragten direkt in den Betrieben zu installieren, wurde von H. Rehbinder (Berlin 91), einem der Mitverfasser des Entwurfes eines Umweltgesetzbuches aufgegriffen. In diesem Entwurf soll der Umweltbeauftragte bei Gefahr im Verzug für Leben, Gesundheit und Umwelt verpflichtet sein, Maßnahmen zur Gefahrenabwendung zu veranlassen. Bei Meinungsverschiedenheiten mit dem Betreiber bezüglich dieser Maßnahmen hat allerdings der Betreiber zu entscheiden.

Die Funktionen/Aufgaben (§ 11a-f AbfG) des Betriebsbeauftragten für Abfall

Die vier Funktionen/Aufgaben sind in einer Vielzahl von Veröffentlichungen in den letzten Jahren beleuchtet worden. Das Merkblatt der Länderarbeitsgemeinschaft Abfall über die Vermeidung und Entsorgung von Abfällen aus öffentlichen und privaten Einrichtungen des Gesundheitsdienstes (Stand 5/1991) und die Verordnung über den Betriebsbeauftragten für Abfall führen die Bestimmungen näher aus. Diese vier Funktionen finden wir auch bei anderen umweltrelevanten Beauftragten z. B. § 54 BImSchG oder § 21b WHG.

Hier deshalb nur eine kurze Übersicht über die vier Funktionen/Aufgaben des Betriebsbeauftragten für Abfall:

1. Initiativfunktion:
   Der Betriebsbeauftragte für Abfall hat auf die Vermeidung, Verwertung und ordnungsgemäße Beseitigung aller anfallenden Abfälle hinzuwirken und sich bei der Beschaffung für die Verwendung umweltverträglicher Produkte und Verfahren einzusetzen.
2. Informationsfunktion:
   Der Betriebsbeauftragte für Abfall hat die Mitarbeiter und die Leitung der gesundheitsdienstlichen Einrichtung über die Gefahren, die von den Abfällen für Mensch und Umwelt ausgehen können, zu unterrichten.
3. Kontrollfunktion:
   Der Betriebsbeauftragte für Abfall muß sämtliche Abfallströme innerhalb und außerhalb der Einrichtung von dem Entstehen bis zur Entsorgung verfolgen und kontrollieren; er hat die Einhaltung der für die Abfallentsorgung geltenden Bestimmungen zu überwachen.
4. Berichtspflicht:
   Der Betriebsbeauftragte für Abfall hat regelmäßig über getroffene und empfohlene Maßnahmen der Krankenhausleitung Bericht zu erstatten.

Zur Erfüllung der o. g. Aufgaben ist der Betriebsbeauftragte unmittelbar durch das Gesetz verpflichtet. Diese Pflichten werden automatisch Bestandteil seines Arbeitsvertrages. Der Betriebsbeauftragte ist nur dem Betreiber gegenüber verpflichtet, nicht der Behörde; besonders betrifft dies die Auskunftspflicht.

Die Verletzung der Pflichten des Betriebsbeauftragten ist keine Ordnungswidrigkeit. Bei Wiederholungen kann die Behörde dies als mangelnde Zuverlässigkeit deuten und die Abberufung verlangen (§ 11c). Die Krankenhausleitung wiederum kann, da die Pflichten Bestandteil des Arbeitsvertrages sind, bei Verletzung der Betriebsbeauftragtenpflichten arbeitsrechtlich gegen den Betriebsbeauftragten vorgehen. Gibt z. B. der Betriebsbeauftragte ohne entsprechende Vollmacht Informationen an Behörden weiter, so kann dies eine Verletzung der arbeitsrechtlichen Treuepflicht darstellen; hat der Betriebsbeauftragte für Abfall seine Berichtspflicht nicht erfüllt, so kann dies zu einer Abmahnung führen.

Systembedingte Defizite des Betriebsbeauftragten für Abfall

Bei meinen Seminaren konnte ich immer wieder folgende "*Informationsdefizite*" der Abfallbeauftragen feststellen:

1. Wie sieht die strafrechtliche Verantwortung des Betriebsbeauftragten für Abfall aus?
2. Besteht eine zivil- oder arbeitsrechtliche Haftung des Betriebsbeauftragten für Abfall?
3. Wer haftet für Sachschäden?

4. Wie frei ist der Betriebsbeauftragte für Abfall in seinen Entscheidungen innerhalb des Krankenhauses?
5. Welche Problemstellungen treten bei der Wahrung der Funktionen/Aufgaben auf bzw. könnten auftreten?
6. Können die unter Punkt 5 genannten systemimmanenten Versäumnisse unter den heutigen Bedingungen (gedeckeltes Budget) kompensiert werden?

zu 1:   Strafrechtliche Verantwortung für den Betriebsbeauftragten für Abfall
In strafrechtlicher Hinsicht sind die verschiedenen Betriebsbeauftragten im Umweltbereich praktisch identisch.

Interessant ist für den Praktiker vor Ort, daß alle o. g. Funktionen/Aufgaben des Abfallbeauftragten nach dem Kommentar zum Abfallrecht von Hösel und Lersner nur Beratungsfunktionen darstellen, also keine Entscheidungsfunktionen. Dies ist für straf- und haftungsrechtliche Folgen von Bedeutung. Damit sind Abfallbeauftragte juristisch gesehen sogenannte Überwachungsgaranten und *keine* Schutzgaranten.

Bei Umweltdelikten unterscheidet man zwischen Allgemeindelikten und Sonderdelikten. Allgemeindelikte können von jedem, also auch von einem Betriebsbeauftragten, begangen werden, wie z. B. Gewässerverunreinigung § 324 StGB, umweltgefährdende Abfallbeseitigung § 326 Abs. 1 StGB, schwere Umweltgefährdung § 330 StGB oder schwere Gefährdung durch Freisetzung von Giften § 330a StGB. Sonderdelikte wie z. B. Luftverunreinigung und Lärmemmissionen § 325 StGB etc. können dagegen nur von Anlagenbetreibern begangen werden.

Kommt es zu einer Umweltgefährdung, obwohl der Beauftragte für Abfall seinen Aufgaben ordnungsgemäß nachgekommen ist, so ist nur der Unternehmer, nicht aber der Betriebsbeauftragte dafür zur Verantwortung zu ziehen und haftbar.

Ist der Betriebsbeauftragte durch zusätzliche Weisungen oder durch seine innerbetriebliche Stellung mit dem Recht ausgestattet, Ver- und Gebote auszusprechen, so kann durchaus eine Verantwortlichkeit gegeben sein (z. B. bei Technischen Leitern).

Kontrolliert der Betriebsbeauftragte für Abfall nicht oder unzureichend oder informiert er die Betriebsleitung nicht oder falsch, so ist er grundsätzlich für die dadurch entstandene umweltgefährdende Abfallbeseitigung strafrechtlich haftbar.

Eine eigene strafrechtliche Haftung des Betriebsbeauftragten für Abfall kann sich durch eine Vernachlässigung seiner Aufgaben und Pflichten nach § 11b AbfG ergeben. Darüber hinaus kommt eine strafrechtliche Haftung nur mehr nach § 14 StGB in Betracht, wenn der Betriebsbeauftragte gleichzeitig ein vertretungsberechtigtes Organ einer juristischen Person ist.

zu 2:   Zivil- und arbeitsrechtliche Haftung des Betriebsbeauftragten
Auch hier gilt im Prinzip, daß der Betriebsbeauftragte nie anstelle des Unternehmers haftet, es sei denn, ihm wurden Entscheidungsbefugnisse übertragen. Dies bedeutet, daß er haftungsrechtlich für Mängel im Betrieb nicht haftbar gemacht werden kann.

So hat z. B. ein Abfallbeauftragter, der die Überwachung durchführt und die Klinikleitung aufgrund der gewonnenen Erkenntnisse sachgerecht informiert und berät, seine Aufgabe ordnungsgemäß erfüllt. Die Verantwortung bleibt beim Unternehmer. Dies gilt ebenso nach dem neuen Umwelthaftungsgesetz, da sich dieses Gesetz nicht an den Betriebsbeauftragten, sondern an den Unternehmer richtet.

Für den Betriebsbeauftragten selbst bleibt nach wie vor § 823 BGB die wichtigste zivilrechtliche Haftungsnorm. Danach ist jeder zum Schadensersatz verpflichtet, der vorsätzlich oder fahrlässig das Leben oder die Gesundheit eines anderen widerrechtlich verletzt. Erfüllt er seine Pflichten schuldhaft nicht, kontrolliert er falsch oder informiert er falsch, greift § 823.

Das Krankenhaus ist nach § 1 des Umwelthaftungsgesetzes zum Schadensersatz verpflichtet, kann aber innerbetrieblich dem Betriebsbeauftragten seinerseits die Schadensersatzforderungen weitergeben.

Folglich kann der Betriebsbeauftragte sowohl gegenüber dem *Geschädigten* als auch gegenüber dem *Krankenhaus* (!) zum Schadensersatz verpflichtet sein.

zu 3:   Haftung bei Sachschäden
Im Prinzip haftet die Krankenhausleitung nach den oben dargestellten Grundsätzen, vorausgesetzt, daß die Umweltstraftatbestände mit Wissen und Wollen der Krankenhausleitung oder durch Fahrlässigkeit hervorgerufen wurden.

Ist in einem Krankenhaus kein Betriebsbeauftragter für Abfall bestellt, so haftet das Krankenhaus grundsätzlich als Alleintäter. Da es sich bei einem Krankenhaus um eine juristische Person handeln kann, z. B. eine GmbH, findet § 14 StGB Anwendung, d. h. der juristische Vertreter tritt als Alleintäter auf.

Er ist in diesem Fall allein dafür verantwortlich, daß keine Umweltgefährdungen auftreten. Stiftet er andere zu Straftaten an, wird er ebenfalls mitbestraft, da nach § 26 StGB der Anstifter gleich dem Täter zu behandeln ist.

Werden von Mitarbeitern ohne Wissen des juristischen Vertreters Umweltstraftaten begangen, so ist dennoch letzterer wegen Fahrlässigkeit zu belangen, denn ein Firmeninhaber oder juristischer Vertreter nimmt eine Garantenstellung bezüglich aller Vorkommnisse in seinem Betrieb ein.

zu 4:   Wie frei ist der Betriebsbeauftragte für Abfall in seinen Entscheidungen?

Nicht weisungsgebunden nach dem Gesetz ist der Betriebsbeauftragte hinsichtlich des Inhaltes der Überwachungs- und Initiativpflichten. Dienstanweisungen zu seiner Arbeitszeit, Urlaubsregelung, Dienstreisen etc. muß er aber befolgen. Auch zu Anweisungen bezüglich seiner gesetzlichen und sonstigen Aufgaben ist der Betreiber berechtigt.

zu 5:   Welche Problemstellungen treten bei der Wahrung folgender Funktionen/Aufgaben auf bzw. könnten auftreten?

Initiativfunktion:

Die abfallwirtschaftlich wichtigste Aufgabe des Betriebsbeauftragten für Abfall ist die Initiativfunktion oder Innovationsfunktion. Damit Abfall vermieden oder verwertet werden kann, muß der Betriebsbeauftragte in den Einkauf mit eingebunden sein, z. B. als ein stetiges Mitglied der Beschaffungs-/Einkaufskommissionen. Nur so kann er sich effektiv bei der Beschaffung für die Verwendung umweltverträglicher Produkte und Verfahren einsetzen.

Eigene Erfahrungen zeigen, daß im Zeitalter des gedeckelten Budgets die Forderung nach Einsatz von Mehrwegsystemen (inkl. Personalmehrbedarf) einer Mutprobe gleichkommt.

Für die Erfüllung der Iniativfunktion hat sich das "Umwelt-Auditing" bewährt; ein neues Wort für die Begriffe "Bestandsaufnahme", "Ist-Analyse" etc. Alle innerbetrieblichen Vorgänge sollten auf ihre Umweltauswirkung überprüft werden – im Betrieb Krankenhaus nur mit viel Personal oder engagierten Mitarbeitern durchführbar. Mit Checklisten ähnlich wie bei der medizinischen Vorsorgeuntersuchung können zumindest die umweltrelevanten Schwerpunkte abgedeckt und Handlungsspielräume ausgelotet werden.

Informationspflicht, Aufklärung der Betriebsangehörigen:

Nach meiner Erfahrung entstehen weit mehr Umweltschäden durch Nachlässigkeit oder Bequemlichkeit einiger Mitarbeiter als durch vorsätzliches Handeln oder Nichthandeln der Krankenhausleitung. Viele Unfälle, falsche Entsorgung etc. können vermieden werden, wenn sich die Mitarbeiter die Umweltfolgen vor Augen führen (können).

Durch interne Veranstaltungen kann der Abfallbeauftrage nicht nur Informationen weitergeben, sondern er bekommt darüber hinaus einen Überblick über die Einstellung der einzelnen MitarbeiterInnen zum Umweltschutz und darüber, wo im Hause ein mögliches Unterstützungspotential vorhanden ist.

In den Dr.-Horst-Schmidt-Kliniken (Klinikum der Landeshauptstadt Wiesbaden) werden alle neu eingestellten Mitarbeiter über das bestehende Entsorgungssystem geschult. Im Zuge der einmal pro Jahr auf jeder Station, Ambulanz etc. stattfindenden Umwelt- und Hygieneschulung wird dieses Wissen vertieft.

Die Krankenhausleitung wird über die Abfallentsorgung in einem jährlichen Bericht, auf Anfrage und bei Veränderungen aufgrund von Mängeln, Gesetzesänderungen etc. informiert. Der Jahresbericht ist nicht nur ein Tätigkeitsnachweis, sondern auch ein treffliches Mittel, nicht beseitigte Mißstände ins Gedächtnis zurückzurufen und den notwendigen Finanzmittelbedarf aufzuzeigen.

Meines Erachtens hat der Bericht im Idealfall einen
- *Dokumentationsteil:* Darstellung der Überwachungstätigkeit, Mengen-Kosten-Statistik, Mengen-Kosten-Entwicklung etc.,
- *Erinnerungsteil:* für die festgestellten Organisations-/technischen Mängel,
- *Planungsteil:* in dem die zukünftige Entwicklung unter Berücksichtigung der gesetzlichen und technischen Änderungen sowie die Entwicklung des eigenen Hauses eingehen, inkl. einer Investitionsbedarfsabschätzung.

Kontrollfunktion/Überwachungspflicht

Der Betriebsbeauftragte für Abfall muß sämtliche Abfallströme innerhalb und außerhalb der Einrichtung verfolgen und kontrollieren. Gleichzeitig hat er die Einhaltung der für die Abfallentsorgung geltenden Bestimmungen zu überwachen (§ 11b).

Die Kontrolle aller Abfallströme im Krankenhaus ist für den Abfallbeauftragten eine der schwierigsten Aufgaben. Die Überwachung der bekannten Abfallströme ist über Checklisten relativ leicht realisierbar und dokumentierbar; der Betriebsbeauftragte für Abfall muß aber nach dem Wortlaut des Gesetzes sämtliche Abfallströme innerhalb und außerhalb der Einrichtung verfolgen und kontrollieren.

Um dieser Forderung gerecht zu werden, müßte der Abfallbeauftragte Kenntnis darüber haben, an welcher Stelle welche Stoffe eingesetzt werden – oder zumindest, wer welche Stoffe (nicht Produkte) einkauft. Intelligente Einkaufssysteme, die hierüber Auskunft geben können, fehlen derzeit noch.

Welcher Abfallbeauftragte hat genügend Personalkapazität, um festzustellen, welche gefährlichen Stoffe eingekauft, über Diplom-/Doktorarbeiten oder als Produktproben in den Krankenhausbereich eingebracht werden?

Es hat sich bewährt, einen zentralen Sammelpunkt (z. B. die Apotheke) zur Rückgabe von potentiellem Sonderabfall im Haus einzurichten – ob damit die Überwachungspflichten ausreichend abgedeckt sind, ist allerdings fraglich.

Wie soll der Abfallbeauftragte den Transport außerhalb des Hauses kontrollieren?

Die im Gesetz erhobenen Forderungen sind realisierbar, wenn genügend Personal bzw. Fachpersonal zur Verfügung steht. Hier besteht in sehr vielen Kliniken noch ein erheblicher Handlungsbedarf.

In der Regel kann ein Abfallbeauftragter daher nur stichprobenartig den Ist-Zustand überprüfen – auf Neudeutsch heißt dies, eine "Qualitätskontrolle" durchführen. Der Abfallbeauftragte sollte versuchen, dabei strengere Überwachungskriterien als die Behörde anzuwenden.

In diesem Zusammenhang sei auf die in den ersten Abschnitten dargestellten Konsequenzen für den Abfallbeauftragten hingewiesen, die durch die Unterlassung seiner Überwachungspflicht, Informationspflicht etc. entstehen können (z. B. der Straftatbestand Körperverletzung)

Es liegt also nahe, daß das Krankenhaus anstreben wird, die o. g. Aufgaben einem Ingenieurbüro oder einem Institut zu übergeben. Nach dem Abfallgesetz können nur Betriebsangehörige als Abfallbeauftragte bestellt werden.

Dies wird nach der Abfallbeauftragten-Verordnung (§ 4) ausgeweitet auf betriebsfremde Personen. Nach dem Kommentar zur Abfallgesetz (Hösel) müssen die Betriebsbeauftragten *natürliche* Personen sein – juristische Personen wie z. B. ein als GmbH geführtes Ingenieurbüro kann also nicht bestellt werden, da die Voraussetzung nach § 11c nicht vorliegt.

Benachteiligungsverbot, Abberufung
Durch die übertragenen Aufgaben kann der Betriebsbeauftragte leicht in Konflikt mit der Krankenhausleitung kommen. Der § 11f AbfG soll verhindern, daß das "Umweltgewissen des Krankenhauses" benachteiligt wird. Aber wie kann der Abfallbeauftragte den objektiven Nachweis erbringen, daß er benachteiligt wurde? – Wie soll ein Abfallbeauftragter nachweisen, daß er unter schlechteren Arbeitsbedingungen als vergleichbare Mitarbeiter arbeiten muß, wenn er der einzige Abfallbeauftragte ist? – Wie soll ein Abfallbeauftragter die Verschlechterung seiner Aufstiegschancen nachweisen? – Kann der Abfallbeauftragte wirklich vor Gericht beweisen, daß er wegen der Verletzung seiner Überwachungspflichten gekündigt oder abberufen wurde, und nicht etwa wegen seines Drängens, z. B. Mehrwegsysteme einzusetzen?

Die Praxis hat gezeigt, daß die Abberufung der Hebel der Behörde ist, um das Krankenhaus im Konfliktfall zu Zugeständnissen zu bewegen. Hier steht der Betriebsbeauftragte zwischen den Fronten – wo bleibt da das Benachteiligungsverbot ?

Was ist, wenn ein Mitarbeiter hauptberuflich Abfall-/Umweltbeauftragter ist und bei einer fachlichen Meinungsverschiedenheit mit der Behörde diese mit dem Verlangen der Abberufung droht? Arbeitsrechtliche Folgen einer solchen Abberufung regelt das Abfallgesetz nicht. Da das Krankenhaus oft keine gleichwertige Tätigkeit anbieten kann, kann die Abberufung die Kündigung zur Folge haben. Der Personalrat kann die Kündigung verhindern, die Abberufung aber nicht.

Dies ist die *Achillesferse des Abfallbeauftragten*. Kündigungsschutz und die Beteiligung des Personalrates bei der Abberufung und bei der Bestellung sollte wie im Bundesimmissionsschutzgesetz verankert werden.

Ein weiterer "Schönheitsfehler" ist dem Gesetzgeber bei der Festlegung der Sachkunde des Betriebsbeauftragten unterlaufen. Nach § 11c darf zum Betriebsbeauftragten für Abfall nur bestellt werden, wer die zur Erfüllung seiner Aufgaben erforderliche Sachkunde und Zuverlässigkeit besitzt.

Mit dem § 11c soll einerseits erreicht werden, daß der Unternehmer keine unsinnigen oder kostentreibenden Umweltmaßnahmen durchführt und andererseits, daß im Krankenhaus umweltrelevante bwz. umweltgefährdende Tätigkeiten schnell erkannt und entsprechend darauf reagiert werden kann.

Diese Regelung übersieht, daß auch ein zuverlässiger und sachkundiger Betriebsbeauftragter wirkungslos ist, wenn die Betriebsleitung stark unter finanziellem Druck steht oder der Betriebsleiter Umweltschutz als zweitrangig ansieht.

zu 6:   Können die unter Punkt 5 genannten systemimmanenten Versäumnisse unter den heutigen Bedingungen (gedeckelten Budget) kompensiert werden?

In den HSK (972-Betten-Klinik der Maximalversorgung) sind die Überwachungsaufgaben beim Aufbau der Entsorgungsstrukturen auf mehrere Schultern verteilt worden. Die zu überwachenden Bereiche wurden je nach Qualifikation und persönlichem Engagement einigen Mitarbeitern zugeordnet.

Diese Funktionen haben die Mitarbeiter neben ihren eigentlichen Aufgaben ausgeführt. Durch die Entwicklungen der letzten Jahre ist dem Krankenhaus immer mehr Personalkapazität abgezogen worden. Die Folge war, daß die o. g. Mitarbeiter die Nebentätigkeit "Abfallbeauftragte" nicht mehr oder nur noch zum Teil ausführen konnten.

Für die Aufbauphase einer Entsorgungslogistik ist o. g. Verfahrensweise eine von den Personalkosten her gesehen interessante Möglichkeit. Durch die gestiegenen qualitativen und quantitativen Personalanforderungen, die sich auch in anderen umweltrelevanten Sektoren abzeichnet, mußte die o. g. Verfahrensweise modifiziert werden.

In der Aufbauphase unseres Entsorgungssystems wurde schnell deutlich, daß dieser Bereich erhebliche Betriebskosten verursacht und daß hier in 1-2 Jahren ein relativ hoher Investitionsbedarf auftreten wird.

Eine zentrale Stelle, die alle umweltrelevanten Aktivitäten aus den unterschiedlichen Bereichen koordinieren soll, wird zukünftig diesen Bereich verstärken. Damit kann demnächst der Krankenhausbetreiber seinen Aufgaben als Schutzgarant wieder gerecht werden. Der Umweltbeauftragte der HSK wird die Aufgaben des Abfallbeauftragten und des Gewässerschutzbeauftragten übernehmen.

Dieser Lösungsansatz ist für kleinere Krankenhäuser kaum realisierbar.

Wie können die Betriebsbeauftragten unter den heutigen Bedingungen die fachlichen "Versäumnisse", die in einigen Krankenhäusern z. T. sogar offen zutage treten, kompensieren?

Der hessische Lösungsansatz :
1. Pflege-, Therapie-, Diagnostikverfahren sind größtenteils in den Kliniken standardisiert, d. h., wir haben es in den Krankenhäusern mit einer begrenzten Anzahl von Gefahrstoffen (Sonderabfall) und Wertstoffen zu tun.
2. Damit sind die Problemfelder in vielen Krankenhäusern ähnlich.
3. Die Krankenhäuser, Krankenhausverbände, Vollzugs- und Fachbehörden erarbeiten stoffspezifische Lösungsansätze, die durch die hessische Krankenhausgesellschaft oder das Umweltministerium (z. B. als Verwaltungsvorschriften für nachgeordnete Behörden) in denKrankenhäusern umgesetzt werden. Natürlich müssen die Lösungsansätze an jede Krankenhaus-/Personalstruktur angepaßt werden.

Dies war die Zielsetzung, die vor drei Jahren zur Gründung eines *hessischen Arbeitskreises Krankenhausentsorgung* geführt hat. Der Arbeitskreis bestand aus Vertretern

– des Sozial- und Umweltministeriums,
– der hessischen Fachbehörden,
– der Krankenkassen,
– der hessischen Krankenhausgesellschaft,
– von Krankenhäusern (zwischen 120-1200 Betten).

Der Arbeitskreis bildete themenspezifische Arbeitsgruppen (AGs), in denen auch Firmenvertreter mitarbeiteten. Hier eine Themenauswahl der Arbeitsgruppen der letzten Jahre:

– Entwicklung und Einführung von Wertstoffsammelsystemen,
– C-Abfallentsorung in Hessen,
– Zytostatikaentsorgung,
– Umsetzung des DSD im Krankenhaus,
– Entsorgung von besonders überwachungsbedürftigen Abfällen,
– Entsorgung von Restflüssigkeiten,
– Umweltverträglichkeit der Verpackung von Medikalprodukten,
– Entwicklung und Erprobung von Mehrweginfusionsflaschen, Mehrwegdrainagesysteme, Abfüllstationen für Reinigungsmittel

Die Ergebnisse wurden weitergegeben

- über das Mitteilungsblatt der hessischen Krankenhausgesellschaft an alle Krankenhäuser,
- durch jährliche Vortragsveranstaltungen,
- durch zweimal im Jahr stattfindende Weiterbildungsveranstaltungen für Mitarbeiter aus den Entsorgungsbereichen.

Dieser landesweit arbeitende Arbeitskreis hat aus meiner Sicht einen systemimmanenten Nachteil. Um eine 3- bis 4stündige Sitzung abzuhalten, waren die Mitglieder je nach Tagungsort oft 10 Stunden unterwegs. Des öfteren verbrachten die Mitglieder mehr Zeit im Zug oder sogar im Auto als bei thematischer Arbeit.

Nach den von uns gemachten Erfahrungen ist zwar ein landesweit arbeitender Arbeitskreis notwendig, um z. B. die Krankenhausbedingungen in landesspezifischen Verwaltungsvorschriften oder Verordnungen einzubringen, aber die "Handarbeit" sollte in lokalen Arbeitskreisen gemacht werden.

Ein weiterer Vorteil von lokal arbeitenden Arbeitskreisen wäre die Möglichkeit des gemeinsamen Auftretens bei Entsorgungsfirmen, Kreisbehörden etc., also einen lokalen Krankenhausentsorgungsverbund zu bilden.

Gesetzesquellen:

Gesetz über die Vermeidung und Entsorgung von Abfällen (Abfallgesetz-AbfG)
Merkblatt über die Vermeidung und Entsorgung von Abfällen aus öffentlichen und privaten Einrichtungen des Gesundheitsdienstes (Stand 5/1991) der Länderarbeitsgemeinschaft Abfall
Schönfelder; Deutsche Gesetze, Textausgabe
Hösel/v. Lersner, Recht der Abfallbeseitigung
Abfallrecht und Entsorgungspraxis, PC-Informationssystem, UB Media Verlag

Straftaten, Ordnungswidrigkeiten und zivilrechtliche Haftung der Verantwortlichen

Manfred Stotz

1   Strafrecht und Umweltschutz

Umweltstrafrecht ist echtes kriminelles Unrecht

Durch das 18. Strafrechtänderungsgesetz wurden mit Wirkung vom 01.07.1980 zahlreiche mit Strafe bedrohte Umweltverstöße aus den einzelnen Verwaltungsvorschriften in das Strafgesetzbuch übernommen. Damit wurden Umweltverstöße anderen Taten gleichgestellt. Es handelt sich dabei auch nicht um reines, formelles Verwaltungsunrecht.

Empfindliche Strafen drohen

Die Strafbedrohungen für Umweltdelikte wurden erheblich angehoben. Eine unbefugte Gewässerverunreinigung kann, statt wie bisher mit 2 Jahren, nunmehr mit einer Höchststrafe von 5 Jahren Freiheitsstrafe geahndet werden. Bei schweren Umweltgefährdungen reicht der Regelstrafrahmen von 3 Monaten bis zu 5 Jahren Freiheitsstrafe. Darüber hinaus kommt nunmehr das gesamte strafrechtliche und strafprozessuale Eingriffsinstrument zur Anwendung. Es drohen Durchsuchung, Inhaftierung, Beschlagnahme, Einziehung von Vermögenswerten und dergleichen mehr. Zwar bewegen sich die Straftaten derzeit vergleichsweise noch im unteren Bereich. Von 1508 gemeldeten Umweltverurteilungen im Jahre 1985 waren 1470 Geldstrafen, aber auch 27 Freiheitsstrafen. Nach einer im Auftrag des Bundeskriminalamtes durchgeführten sog. "Delphi-Befragung" wird es in Zukunft zu einer Entwicklung kommen, an deren Ende Umweltdelikte ähnlich verurteilt werden wie z. B. Raub oder Diebstahl.

Umweltstrafrecht hat Erziehungsfunktion

Als wesentliche Motive bzw. Ursachen für Umweltstraftaten wurden erkannt:

- Streben nach Gewinnmaximierung,
- Versuch der Kostenvermeidung,
- Gewohnheit,
- Mangel an Einsicht.

Im Unterschied zum bloßen Umweltverwaltungsrecht führt die Kriminalisierung von Umweltverstößen zu einer erhöhten persönlichen Betroffenheit. Allein die Durchführung eines Strafverfahrens bewirkt vielfach eine Änderung des Umweltverhaltens und schließt Wiederholungen aus.

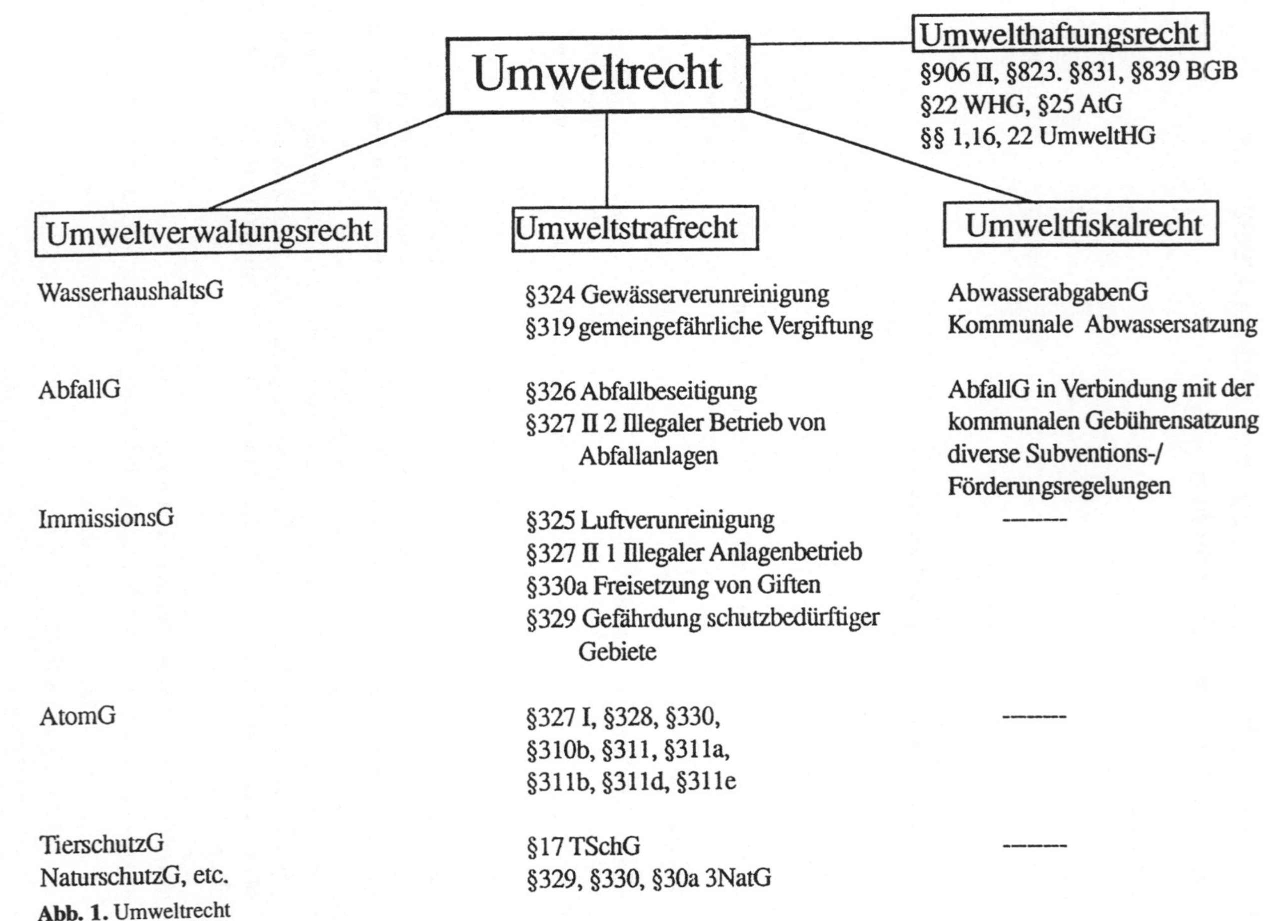

Abb. 1. Umweltrecht

Das Umweltstrafrecht schützt weitgehend alle Umweltgüter
Das Umweltstrafrecht schützt nicht die Umwelt als solche, sondern einzelne Umweltgüter wie Wasser, Luft und Boden. Für jedes dieser Güter wurden einzelne Straftatbestände geschaffen. Wegen der Einzelheiten wird auf Abb. 1 Bezug genommen.

2   Staatsanwalt und Umweltschutz

Zur Verfolgung von Umweltstraftaten ist die Staatsanwaltschaft kraft Gesetzes verpflichtet (§ 152 Abs. 2 StPO)
Im Gegensatz zur Verwaltungsbehörde hat die Staatsanwaltschaft kein Handlungsermessen hinsichtlich des "Ob" ihres Tätigwerdens. Beim Verdacht einer Straftat muß die Staatsanwaltschaft einschreiten. Die Frage des Anfangsverdachtes wird weit ausgelegt.

Die Staatsanwaltschaft ist die "Herrin des Ermittlungsverfahrens" (§ 160 StPO)
Der Staatsanwalt bestimmt, was, in welchem Umfang, gegen wen und wie ermittelt wird. Die Polizei ist lediglich ein von ihm weisungsabhängiges Hilfsorgan (§ 163 StPO, § 152 GVG).

Das Abschlußmonopol hat ausschließlich der Staatsanwalt
Die Polizei kann ein Ermittlungsverfahren weder einstellen noch anklagen. Dies obliegt allein dem Staatsanwalt. Als Abschlußarten eines staatsanwaltschaftlichen Ermittlungsverfahrens kommen im wesentlichen in Betracht:

- Anklage (§ 170 Abs. 1 StPO),
- Einstellung mangels Tatverdachtes (§ 170 Abs. 2 StPO),
- Einstellung wegen geringer Schuld (§ 153 StPO),
- Einstellung wegen geringer Schuld mit Geldauflage (§ 153a),

Die "Mär" von der Weisungsgebundenheit
Nach § 146 GVG haben die Beamten der Staatsanwaltschaft "den dienstlichen Anweisungen ihres Vorgesetzten nachzukommen". Eine derartige Weisungsgebundenheit gibt es in der Praxis aus verschiedenen Gründen jedoch nicht. Der Staatsanwalt ist ausschließlich an Recht und Gesetz gebunden.

Die Verfolgungswahrscheinlichkeit wächst
Die verschiedenen Programme der Länder zur Intensivierung der Bekämpfung der Umweltkriminalität haben zu einem personellen und organisatorischen Anstieg der Polizeieinheiten geführt. In Hessen wurden gebildet:

- Zentrale Umweltschutzgruppen der Vollzugspolizei,
- Umweltschutzsachgebiete bei den Polizeistationen,
- Umweltkommissariate bei der Kriminalpolizei,
- eigene Ermittlungsgruppe beim HLKA.

Bei den Staatsanwaltschaften wurden einzelne Umweltabteilungen oder -dezernate geschaffen. Folge davon ist ein Anstieg der erkannten Umweltdelikte. Im Jahre 1987 betrug die Steigerungsrate der erkannten Umweltdelikte im Verhältnis zum Vorjahr 20,7% (wegen der Einzelheiten vgl. Tabelle 1). In den Jahren 1989 und 1990 ist zwar ein zahlenmäßiger Rückgang der Verfahren feststellbar, dem steht jedoch eine qualitative Verlagerung auf schwerwiegendere Fälle der Umweltkriminalität gegenüber.

Tabelle 1. Polizeiliche Kriminalstatistik 1987 (28. Abschnitt StGB)

Straftaten gegen die Umwelt	Fälle 1987	Steigerungsrate im Vergleich zu 1986	Tatverdächtige	Aufklärungsquote
§ 324 StGB	10.529	13,3%	8.454	71,6%
§ 325 StGB Luft	406	20,1%	334	75,1%
§ 325 StGB Lärm	59	68,6%	54	96,1%
§ 326 StGB	5.390	46,4%	4.542	75,4%
§ 327 StGB	1.311	12,9%	1.546	98,2%
§ 328 StGB	2*			
§ 329 StGB	38	-32,1%	42	84,2%
§ 330 StGB	152	-34,5%	176	85,5%
§ 330a StGB	43	-20,4%	32	55,8%
insgesamt	17.930	20,7%	14.303	74,9%

(*) Erfassungsfehler

Die Aufklärungsquote für Umweltdelikte liegt mit ca. 67% (bezogen auf das Land Hessen 1992) weit über dem der Gesamtkriminalität (47,2%).

3   Strafjustiz und Verwaltungsbehörden

Umweltrecht ist verwaltungsakzessorisch
Die Umweltstrafbestände setzen das verwaltungsrechtliche Verbotensein voraus. Behördliche Gestattungen können grundsätzlich – von Ausnahmen abgesehen – Umwelteingriffe straffrei stellen. Der weitaus größere Teil von Umweltzerstörungen erfolgt demgemäß heute behördlich genehmigt und damit legal.

Bei der behördlich angesprochenen Gestattung kommt es allein auf die verwaltungsrechtliche und damit formelle Wirksamkeit an. Eine zu Unrecht ausgesprochene oder fehlerhaft gewordene Gestattung macht das Verhalten bis zur

Rücknahme oder zum Widerruf grundsätzlich rechtmäßig (Ausnahme: die nichtige Gestattung). Umgekehrt genügt die bloße Erlaubnisfähigkeit nicht.

Die Staatsanwaltschaft hat einen eigenen Beurteilungsspielraum
Der Rahmen der behördlichen Erlaubnis ist hierbei durch die Staatsanwaltschaft nach allgemeinen Auslegungsregeln zu ermitteln.

Zitat: Urteil des Amtsgerichtes Frankfurt/Main vom 18.10.1985 (92 Js 28270/82)

Bindend im Sinne des Grundsatzes der Verwaltungsakzessorietät ist aber für das Strafgericht nur der objektive Inhalt der Erlaubnis, der durch Auslegung zu ermitteln ist, nicht aber etwa die subjektive Interpretation der Verwaltungsbehörde. ...

Als Ergebnis der Auslegung des viel zu globalen und ergebnisorientierten Bescheides vom 22. Juli 1981 bleibt somit festzuhalten, daß die Einleitung des Abwassers aus der Spülung des Zylinders 112 dann als befugt anzusehen ist, wenn die Spülung selbst nicht gegen öffentlich rechtliche Normen verstieß. Es spielt hierbei auch keine Rolle, daß der CSB-Grenzwert aus dem Bescheid nicht überschritten worden ist.

Auf Verwaltungsbehörden ist nur bedingt Verlaß
Auch Verwaltungsbeamte können sich selbst strafbar machen. Wird ein Verwaltungsbeamter zum Erlaß einer fehlerhaften behördlichen Gestattung veranlaßt, besteht die ernstzunehmende Gefahr, sich neben diesem auf der Anklagebank wiederzufinden.

4 Strafrechtliche Verantwortlichkeit im Unternehmen

Adressat behördlicher Gestattung ist grundsätzlich die juristische Person, das Unternehmen. Für die Einhaltung der Pflichten ist abstrakt grundsätzlich der juristische Vertreter primär verantwortlich (§ 14 Abs. 1 StGB).
Ausnahme: Delegation. Delegation macht grundsätzlich frei!
Ausnahme: Überwachungsverschulden.

Im Rahmen stattgehabter Delegation haftet jeder für die ihm übertragenen Sorgfaltspflichten selbst. Der Arbeiter hat für die Ordnungsgemäßheit seiner Handreichungen einzustehen.

Der Betriebsführer ist verantwortlich für die Überwachung und Schulung seiner Mitarbeiter, die Überwachung und Steuerung des Anlagenablaufs, die Erstellung von Betriebsanweisungen, die Einholung erforderlicher Konzessionsunterlagen und die Initiative bezüglich erforderlicher Umweltschutzmaßnahmen.

Der Werksleiter hat das oberste Initiativ- und Interventionsrecht. Bei bekanntgewordenen Umweltverstößen hat er unverzüglich die erforderlichen Maßnahmen

einzuleiten, um diese zu beseitigen und zu verhindern. Für Organisationsverschulden hat er einzustehen.

Das verantwortliche Vorstandsmitglied haftet ebenfalls für Organisationsmängel.
Der Gesamtvorstand hat die finanziellen Mittel für erforderliche Umweltinvestitio-
nen bereitzustellen.

Der Gewässerschutzbeauftragte haftet grundsätzlich nur im Rahmen seiner
Aufgaben nach § 21b WHG.

Zitat: Urteil des Oberlandesgerichts Frankfurt/Main vom 22. 05. 1987 (92 Js
334929/80)

Im Regelfall ist davon auszugehen, daß sich der Pflichtenkreis des Gewässerschutzbeauftragten
auf die gesetzlichen Anforderungen des § 21b WHG beschränkt, d. h. daß er im Hinblick auf das
Gewässer nicht als sog. "Schutzgarant", sondern als Überwachungsgarant anzusehen ist. Er hat
somit nicht für die Reinheit des Wassers, sondern nur für die Erfüllung seiner gesetzlichen (vgl.
§ 21b WHG) Kontroll-, Informations- und Initiativpflichten einzustehen. Aus der gesetzlichen
Regelung ergibt sich ferner, daß der Gewässerschutzbeauftragte keine Entscheidungsbefugnis
bzw. Anordnungsbefugnis hat. In § 21e WHG ist lediglich bestimmt, daß er seine Vorschläge oder
Bedenken unmittelbar der entscheidenen Stelle vortragen kann.

Mangels Entscheidungsbefugnis kann ein Gewässerschutzbeauftragter deshalb in der Regel nicht
als Täter angesehen werden. In diesen Fällen ist aber stets zu prüfen, ob nicht neben der
Bestellung zum Gewässerschutzbeauftragten eine betriebsinterne Übertragung von Entscheidungs-
befugnissen stattgefunden hat. Soweit ihm im Rahmen der Betriebsorganisation auch
Entscheidungs- und Anordnungsbefugnisse übertragen worden sind, die nicht auf seiner Stellung
als Gewässerschutzbeauftragter beruhen, sondern primär einen Bezug auf Produktionssteuerung
und Abwasseranfall haben, kann sich eine sog. Beschützergarantenstellung ergeben, die zu einer
Bestrafung als Täter führt.

5   Formelle und materielle Betreiberpflichten

Bei Einhaltung der bestehenden Sorgfaltspflichen ist eine Strafverfolgung nicht zu
befürchten, wie zum Beispiel:

- In Genehmigungsverfahren gilt der Grundsatz der Wahrhaftigkeit,
  Gewissenhaftigkeit und Vollständigkeit. Erlaubt ist nur, was
  amtsbekannt ist.
- Die Einholung sämtlicher Erlaubnisse ist erforderlich.
- Die Errichtung der Anlagen ist nur im Genehmigungsumfang zulässig.
- Der Betrieb der Anlage ist nur im Genehmigungsumfang zulässig.
- Bei Betriebsänderungen sind ggf. Nachkonzessionierungen erforderlich.

- Bei der Anlagensteuerung sind die Bescheidgrenzen einzuhalten. Höchst- und
  Überwachungswerte dürfen nicht überschritten werden. Die bloße

Überschreitung macht die Einleitung bereits unbefugt. Analytische
Streubereiche gehen hierbei zu Lasten des Betreibers.
-   In Fällen kann die Auslegung von Bescheiden ergeben, daß eine Maßnahme
    wegen Verstoßes gegen bestehende Minimierungspflichten (vgl. § 5 Abs. 1
    Bundesimmissionsschutzgesetz, § 1a Abs. 2 WHG) die Maßnahme trotz
    Einhaltung der Bescheidgrenzwerte unbefugt macht.
-   Besondere Betriebsereignisse, wie etwa Betriebsunfälle, sind mangels
    behördlicher Gestattung immer unbefugt und damit mit Strafe bedroht.

6   Zum Umgang mit Strafverfolgungsbehörden

Ebenso wie der Staatsanwalt zum Einschreiten verpflichtet ist, ist er gehalten, die
ihm vom Gesetz zur Verfügung gestellten Eingriffsmechanismen anzuwenden.
Kooperatives Verhalten gegenüber dem Staatsanwalt ermöglicht es im Interesse
aller Beteiligten, die Eingriffe so gering wie möglich zu halten.

Deshalb sollte beispielhaft beachtet werden:

-   eine Beschränkung des Zutritts zum Werksgelände ist nicht möglich. Auf
    Sicherheitsprobleme sollte im Einzelfall deutlich hingewiesen werden.
-   Verzögerungtaktik beim Zutritt ist nicht zu empfehlen. Der versierte
    Staatsanwalt findet sich auch so zurecht.
-   Eine Beseitigung von Beweismitteln ist töricht. Diese läßt sich anhand von
    Kopien und Durchschriften unschwer nachweisen.
-   Eine Weigerung der Unterlagenherausgabe ist nicht tunlich, da
    Beschlagnahmen meist zum Erfolg führen.
-   Die Beeinflussung des Aussageverhaltens von Mitarbeitern ist mit der
    Drohung eines neuen Strafverfahrens wegen Strafvereitelung und
    Begünstigung verbunden.
-   Rechtsmittel gegen Beschlagnahmen verzögern lediglich die ohnehin meist
    zügige Herausgabe der Unterlagen.

7   Ordnungswidrigkeiten im Umweltrecht

Zahlreiche Umweltverwaltungsvorschriften sind als reines Verwaltungsrecht mit
Bußgeldtatbeständen bewehrt (z. B. § 41 WHG, § 18 AbfG). Umweltverhalten
kann Strafvorschriften und/oder Ordnungswidrigkeitentatbestände erfüllen. Im
Strafverfahren prüft der Staatsanwalt die Tat auch unter dem Gesichtspunkt einer
Ordnungswidrigkeit (§ 40 OWiG). Treffen Umweltstraftaten und Ordnungswidrig-
keiten zusammen, so wird nur das Strafgesetz angewendet (§ 21 Abs. 1 OWiG).
Wird eine Strafe jedoch nicht verhängt (z. B. im Falle eines Freispruchs wegen der

Straftat), kann gleichwohl eine Verurteilung wegen der gleichzeitig begangenen Ordnungswidrigkeit erfolgen.

Nach § 30 OWiG kann bei Begehung von Straftaten oder Ordnungswidrigkeiten durch Vertreter oder Organe von Gesellschaften auch ein Geldbuße bis zu 100 000.– DM (bei Vorsatz) oder 50 000.– DM (bei Fahrlässigkeit) gegen die juristische Person festgesetzt werden, und zwar auch dann, wenn die Zurechnung des Ereignisses zu einer bestimmten Person nicht möglich ist.

Bei Verletzungen von Aufsichtspflichten durch Betriebsinhaber oder diesen gleichgestellte Personen ist gemäß § 130 OWiG ebenfalls die Verhängung von Bußgeld gegen diese möglich.

8   Zivilrechtliche Umwelthaftung

Neben straf- oder ordnungswidrigkeitenrechtlichen Folgen kann Umweltfehlverhalten auch zu zivilrechtlicher Haftung führen. Mit dem ab 1.1.1991 geltenden Gesetz über die Umwelthaftung (UmweltHG) wurde diese neu geregelt (vgl. Umwelthaftungsgesetz UmwHG vom 10.12.1990 BGBL. I S. 2634). Kern des Gesetzes ist die Einführung einer verschuldensunabhängigen Gefährdungshaftung. Nach § 1 UmweltHG tritt eine Haftung grundsätzlich dann ein, wenn durch eine Umwelteinwirkung, die von einer in Anhang 1 des Gesetzes aufgeführten Anlage ausgeht, jemand getötet, seine Gesundheit verletzt oder eine Sache geschädigt wird und dadurch dem Betroffenen ein Schaden entsteht. Adressaten der Haftung sind von vornherein nur Anlagen im Sinne der an der 4. Verordnung zur Durchführung des Bundesimmissionsschutzgesetzes orientierten Anhanges 1. Haftungssubjekt ist grundsätzlich nicht nur der einzelne Mitarbeiter des Betriebes, sondern der Betriebsinhaber. Jedoch ist ein Rückgriff im Innenverhältnis nach arbeitsrechtlichen Grundsätzen möglich.

Für Altlasten enthält § 2 Absatz 2 UmweltHG eine Haftungsverlagerung auf den früheren Betreiber. Der Gefährdungstatbestand des § 1 UmweltHG umfaßt sowohl Störfallschäden als auch Schäden infolge des Normalbetriebes. § 4 UmweltHG enthält lediglich einen Haftungsausschluß für höhere Gewalt. Ob die Anlage rechtmäßig oder unrechtmäßig betrieben wurde, ist ohne Bedeutung. § 6 UmweltHG enthält eine Kausalitätsvermutung im Hinblick auf den Schaden. Der Geschädigte muß hierbei beweisen, daß die Anlage geeignet ist, den Schaden zu verursachen, also daß mit dem Betrieb der Anlage die Freisetzung bestimmter Schadstoffe verbunden ist, zwischen dieser und dem Schaden ein räumlicher und zeitlicher Zusammenhang besteht und die Schadstoffe zur in Rede stehenden Schadensverursachung geeignet sind. Bei der Beteiligung mehrerer Schadstoffquellen genügt Mitverursachung. Dem Geschädigten stehen Auskunftsansprüche gegen den Anlageninhaber und die Behörden zu (§§ 8, 9 UmweltHG).

Die Kausalitätsvermutung besteht nicht beim Nachweis bestimmungsmäßigen Betriebes (§ 6 Absatz 2 UmweltHG) oder neutraler, nicht anlagenbedingter Ursachen im Sinne von § 7 UmweltHG (z. B. Schadenseintritt durch Klimafaktoren).

Bei mehreren möglichen Schädigern, aber unklarer Anteilsverusachung haftet der einzelne Beteiligte auf vollen Schadensersatz, wenn der Beitrag so gefährlich ist, daß er den gesamten Schaden mitverursacht haben kann (§ 830 Absatz 1, Satz 2 Bürgerliches Gesetzbuch).

Der Haftungsumfang ist in §§ 12-16 UmweltHG geregelt. Reine Vermögensschäden werden nicht ersetzt. § 15 UmweltHG enthält Haftungshöchstgrenzen. § 19 UmweltHG schreibt eine Haftungdeckungsvorsorge verbindlich vor, deren Nichtbeachtung gemäß § 21 Absatz 1 Nr. 1 UmweltHG mit Strafe bedroht ist.

Die Verjährungsfrist beträgt drei Jahre ab Kenntniserlangung vom Schaden und der Person des Ersatzpflichtigen, ohne Rücksicht auf diese Kenntnis in 30 Jahren von der Begehung der Handlung an.

Die bisherigen verschuldungsabhängigen oder unabhängigen Haftungsvorschriften (z. B. §§ 823, 831, 906 Absatz 2, Satz 2 BGB, 22 WHG) bleiben nach wie vor bestehen (§ 18 Absatz 1 UmweltHG).

9 Strafrecht und Umweltbeauftragter

Einen gesetzlichen allgemeinen Umweltbeauftragten gibt es nicht. Pflichten und Befugnisse ergeben sich für die Beauftragten aus den Vorschriften des jeweiligen Rechtsgebietes.

9.1.1 Maßgebliche Vorschriften Abfallbeauftragte

- §§ 11a-f AbfG,
- Abfallbeauftragte VO über den BbA vom 26.10.1977,
- Erlaß Hess. Min f. U. vom 12.09.1989 (Staatsanz. 1989, S. 2076).

9.1.2 Maßgebliche Vorschriften Gewässerschutzbeauftragte

- §§ 21-21g WHG,
- § 45d HWG,
- §§ 324 StGB,
- Erlaß HMLuU, Staatsanz. 1977, 302.

9.1.3 Maßgebliche Vorschriften Immissionsschutzbeauftragte

- §§ 53-58 BImSchG,
- 5. VO zur Durchführung des BImSchG vom 30.7.93.

9.2   Funktion

Der Umweltbeauftragte (UbA) ist das Umweltgewissen des Betriebes. Er ist Selbstregulativ der abfallerzeugenden Industrie zum Ausgleich des Spannungsverhältnisses zwischen Ökonomie und Ökologie. Im Außenverhältnis ist er Ansprechpartner der Umweltbehörden, im Innenverhältnis Instrument der betrieblichen Selbstüberwachung.

Zielrichtung seines Handelns ist die Verwirklichung des Umweltschutzes in der betrieblichen Praxis. Schutzzweck der Normen ist die die Erhaltung der Umwelt, mithin die Wahrung des Wohles der Allgemeinheit. Es besteht ein Spannungsverhältnis zwischen dieser Zielrichtung und seiner betriebsinternen Stellung.

9.3   Bestellung

9.3.1 Obligatorische Bestellung

Zum Beispiel gem. § 11a Abs. 1 AbfG, wenn

- ortsfeste Abfallanlage,
- Anlage unter § 1 VO über BbA fällt.

9.3.2 Fakultative Bestellung

Zum Beispiel gem. § 11a Abs. 2 AbfG.

Die Bestellung gem. 9.3.1 erfolgt durch den mitwirkungsbedürftigen privatrechtlichen Rechtsakt des Arbeitgebers gegenüber dem BbA (sog. privatrechtliche Lösung). Grundlage ist meist ein Arbeitsvertrag. Mit der Bestellung entstehen unmittelbar die gesetzlichen Pflichten (z. B. gemäß § 11bff. AbfG).

Die Bestellung gem. 9.3.2 ist ein anfechtbarer Verwaltungsakt (§§ 68, 42 VwGO). Der UbA ist kein Träger öffentlich rechtlicher Befugnisse, insbesondere kein Beliehener. Er ist kein verlängerter Arm der Verwaltungsbehörden, sondern Mann/Frau des Betriebes.

Daraus folgt, daß ihn keine straf- oder ordnungswidrigkeitenbewehrte Anzeige-pflicht gegenüber Verwaltungs- oder Strafverfolgungsbehörden trifft (Ausnahme: Jedermann-Anzeigepflicht bei drohenden Verbrechen gem. § 138 StGB).

Da der UbA oftmals die primäre Anlaufadresse von Staatsanwalt und Polizei ist, stellt sich die Frage nach einem Anzeigerecht des UbA. Dies entscheidet sich je nach Lage des Einzelfalles nach arbeitsrechtlichen Grundsätzen. Als Mann/Frau des Betriebes unterliegt er/sie grundsätzlich der arbeitsrechtlichen Verschwiegen-heitspflicht (vgl. §§ 17, 18, 20 Gesetz gegen den unlauteren Wettbewerb). "Denunziantentum" rechtfertigt grundsätzlich die fristlose Kündigung. Auch wenn eine strafbare Handlung vorliegt, durch die der Arbeitnehmer nicht selbst betroffen ist, hat die Rechtssprechung dem Arbeitnehmer keine Berechtigung zur Strafan-zeige gegeben (vgl. Schaub, Arbeitsrechtshandbuch § 53 II 4). Ein Anzeigenrecht kann aber u. U. – zur Vermeidung eigener Strafbarkeit – gegeben sein, wenn der UbA den Arbeitgeber unterrichtet hat und dieser nicht in absehbarer Zeit Abhilfe schafft. Dabei ist jeweils im Einzelfall eine Abwägung der Schwere der Mißstände, der Art des Vorgehens und der erfolgten Hinweise auf die Strafbarkeit vorzu-nehmen (vgl. Kunig, Kommentar zum AbfG Rdn. 5 zu AbfG). Gegebenenfalls geht eine Amtsniederlegung vor.

Ein Selbstanzeigeprivileg analog § 371 Abgabenordnung hat der UbA nicht. Einen absoluten Kündigungssschutz besitzt er ebenfalls nicht. Zum Beispiel gewährt § 11f AbfG nur einen relativen Schutz (vgl. BAG in BB 1973, 522).

9.4 Pflichten

Neben den durch Arbeits-/Werk-/Dienstvertrag bzw. Beamtenverhältnis begründe-ten Pflichten obliegen dem UbA spezielle quasi öffentlich-rechtliche Pflichten, nämlich

- Überwachungs- und Kontrollaufgaben,
- Initiativaufgaben,
- Informationspflichten,
- Berichtspflicht,
- Pflichten kraft abfallbehördlicher Sonderregelung.

9.5 Strafrechtliche Haftung

Bisher gibt es noch keine besondere Strafvorschrift für den UbA (eine solche soll erst mit der Neuregelung des Umwelstrafrechtes evtl. geschaffen werden). Es gelten daher die allgemeinen strafrechtlichen Grundsätze.

1. Aus dem Schuldprinzip des Strafrechts folgt, daß jeder im Rahmen bestehender Delegationen für sein eigenes Fehlverhalten einzustehen hat. Maßgebliche Strafvorschriften sind § 324, § 326 und § 327 Abs. 2 Nr. 2 StGB (vgl. Abb. 1).
Sind dem UbA gleichzeitig innerbetriebliche Produktions- oder Leitungspflichten übertragen (sog. janusköpfiger UbA), so begründet sich in solchen Fällen von Mischverantwortung seine Strafbarkeit aus § 14 StGB, ohne daß ihn seine Stellung als UbA priviligieren würde.
Hat er eine Organstellung inne oder ist er gesetzlicher Vertreter, so folgt seine Haftung bei umweltrelevanter Verletzung dieser Pflichten aus § 14 Abs. 1 StGB. Bei Übertragung innerbetrieblicher Leistungsaufgaben und Verletzung nur dieser Pflichten und Umweltschäden aus diesem Bereich folgt eine strafrechtliche Verantwortlichkeit aus § 14 Abs. 2 StGB (vgl. Dahs, NStZ 86, 99). Bei speziellen Abteilungen für Umweltschutz ist eine Freistellung von Produktions- oder ähnlichen Aufgaben geboten.
2. Haftung wegen aktiven Handelns in Form der sog. mittelbaren Täterschaft trifft den UbA, wenn durch vorsätzliche oder fahrlässige Falschunterrichtung eine Umweltbeeinträchtigung mitverursacht wird (vgl. Dahs, a.a. O.; Steindorf "Umweltrecht" Rdn. 49 zu § 324 StGB).
3. Haftung wegen Unterlassens (§ 13 StGB) trifft den UbA im Falle der Verletzung einer ihm obliegenden Garantenpflicht.
Im Regelfall ist davon auszugehen, daß sich der Pflichtenkreis des UbA auf die gesetzlichen Anforderungen (z. B. der §§ 11b, 11d, 11e AbfG) beschränkt, der also als "Überwachungsgarant" anzusehen ist. Er hat somit nicht für die Reinheit des Bodens etc., sondern nur für die Erfüllung seiner gesetzlichen Kontroll-, Informations- und Initiativpflichten einzustehen. Mangels Entscheidungsbefugnis kann ein UbA daher in der Regel nicht als Täter angesehen werden, sondern nur als Teilnehmer einer Boden- oder Gewässerverunreinigung etc. Als Teilnehmer kann er sich jedoch strafbar machen, wenn er in seinem Pflichenkreis gebotene Maßnahmen pflichtwidrig unterlassen hat und durch dieses Unterlassen die Umweltbeeinträchtigung zumindest mitverursacht wurde (vgl. OLG Frankfurt NJW 1987, 2753).

10   Zivilrecht und Umweltbeauftragter

Die den Pflichtenkreis des UbA umschreibenden Vorschriften (z. B. § 11b AbfG) werden zwar allgemein nicht als Schutzgesetz i. S. v. § 823 Abs. 2 BGB angesehen.

Bei Verletzung seiner Pflichten und dadurch (adäquat) kausal herbeigeführtem Schaden können geschädigte Dritte einen unmittelbaren Anspruch auf Schadensersatz gegen den UbA aber aus § 823 Abs. 1 BGB herleiten. Gegen den Arbeitgeber haben Dritte einen Schadensersatzanspruch aus § 831 BGB. Eine Widerlegung der Verschuldensvermutung ist bei Nachweis sorgfältiger Auswahl möglich. Die

Beweislast hat der Arbeitgeber. Insoweit dürfte ein Qualifikations- und Schulungsnachweis genügen. Zu beachten ist jedoch, daß der UbA auch noch zum Zeitpunkt der Schadenszufügung als gehörig ausgewählt gelten muß. Daraus folgen für den Arbeitgeber Nachschulungs- und ggf. Auswechselpflichten.

Arbeitgeber und UbA haften Dritten gegenüber als Gesamtschuldner (§ 840 BGB). Im Innenverhältnis haftet der UbA gem. § 840 Abs. 2 BGB allein. Allerdings kann bei Auswahlverschulden der Arbeitgeber Dritten gegenüber ebenfalls gem. § 823 BGB haften. Im Innenverhältnis können Schadensersatzansprüche (ggf. auch wenn keine Drittschädigung vorliegt) gegen UbA gem. § 823 BGB, positiver Vertragsverletzung des Arbeits-/Dienstvertrages entstehen.

Sowohl Dritten gegenüber als auch gegenüber dem Arbeitgeber gelten die Grundsätze der sog. gefahrgeneigten Arbeit bzw. des sog. innerbetrieblichen Schadensausgleiches. Bei Verletzung seiner Pflichten haftet der UbA allein für Vorsatz und grobe Fahrlässigkeit. Bei leichter Fahrlässigkeit trifft ihn keine Haftung. Bei mittlerer Fahrlässigkeit erfolgt eine quotenmäßige Schadensverteilung. Bei geringer Schuld trägt der Arbeitgeber den Schaden allein. Subjektive Umstände oder Mitverschulden können zur Alleinhaftung des Arbeitgebers führen. Die Anwendung der Grundsätze der gefahrgeneigten Arbeit kommen zur Anwendung, wenn der konkrete Sachverhalt im Einzelfall gefahrgeneigt war, so daß eine an sich generell nicht gefahrgeneigte Tätigkeit durch besondere Umstände (z. B. Überlastung) zu einer solchen werden kann.

Immissionsschutzbeauftragte – Erfahrungen mit einer Verbrennungsanlage für C-Abfall

Waltraud Folkhard

1   Emissionen, Immissionen und Immissionsschutz

Im Bundes-Immissionsschutzrecht sind die *Emissionen* (abgeleitet vom lateinischen Wort emittere: aussenden) definiert als die von einer Anlage ausgehenden Luftverunreinigungen, Geräusche, Erschütterungen, Licht, Wärme, Strahlen und ähnliche Erscheinungen.

Die *Immissionen* (immittere: hineinsenden) sind definiert als die durch Emissionen verursachten Einwirkungen auf die zu schützenden Personen, Tiere, Pflanzen oder leblosen Sachen. Sie werden im Gesetz als schädliche Umwelteinwirkungen bezeichnet und näher erläutert.

Von einer *Immission* kann man nach herkömmlicher Auffassung nur sprechen, wenn

a) mit physischen Mitteln auf Menschen, Tiere, Pflanzen oder leblose Sachen eingewirkt wird (psychische Einwirkungen – z. B. Beleidigungen u. ä. – sind keine Immissionen),
b) die Einwirkungen in irgendeiner Form nachteilige Folgen haben können,
c) die Einwirkungen unmittelbar oder mittelbar (z. B. bei Absorption des Sonnenlichtes durch verunreinigte Luft) durch menschliches Verhalten verursacht werden (Einwirkungen durch die Luft in ihrer natürlichen Zusammensetzung sind keine Immissionen),
d) die Einwirkungen über die bestehende Umwelt an die betroffenen Menschen, Tiere, Pflanzen oder Sachen herangetragen bzw. in den Boden, das Wasser oder die Atmosphäre eingetragen werden.

Unter *Immissionsschutz* versteht man die Maßnahmen zur Verhinderung schädlicher Immissionen.

2   Geschichte des Bundes-Immissionsschutzgesetzes (BImSchG)

Einige Bundesländer hatten schon Anfang der 60er Jahre (für die vom Bund nicht geregelten Bereiche, insbesondere den häuslichen und kleingewerblichen Bereich) eigene Immissionsschutzgesetze erlassen.

Der Plan, ein umfassendes einheitliches Bundes-Immissionsschutzgesetz zu erlassen, wurde bereits im Jahre 1965 ins Auge gefaßt.

Im Jahre 1971, nachdem der Bund eine Vollkompetenz für die Gebiete der Luftreinhaltung und der Lärmbekämpfung zuerkannt wurde, legte die Bundesregierung den Entwurf eines Bundes-Immissionsschutzgesetzes vor. Nach beachtlichen Änderungen des Regierungsentwurfes durch Beratungen im Innenausschuß wurde das Gesetz am 18. Januar 1974 einstimmig gebilligt. Nachdem auch der Bundesrat ihm am 15. Februar 1974 zugestimmt hat, ist es am 1. April 1974 in Kraft getreten. Seither ist es mehrfach geändert worden.

3   Der Immissionsschutzbeauftragte

Die Aufgaben, die auf dem Gebiet des Umweltschutzes auf die Betriebe zukommen, werden fast täglich umfangreicher und vielfältiger. Die Gesetzgebung ist einem stetigen Wandel unterworfen, der durch immer wieder neue Erkenntnisse in der Technik und in der Wissenschaft sowie durch neue Anforderungen in der Öffentlichkeit und in der Politik notwendig ist. Als Beispiel seien die in den letzten Jahren schon novellierten oder kurz vor einer endgültigen Novellierung stehenden Gesetze, wie Bundes-Immissionsschutzgesetz, Abfallgesetz, Chemikaliengesetz, Wasserhaushaltsgesetz, Gesetz zur Umweltverträglichkeitsprüfung und die damit verbundenen neuen technischen Anleitungen, Verordnungen oder Verwaltungsvorschriften, genannt.

Die daraus resultierenden Anforderungen und die Aufgabenfülle machen es bereits in kleinen und mittleren Betrieben erforderlich, daß entsprechend ausgebildete Mitarbeiter zur Verfügung stehen. Diese Betriebsbeauftragten, wie z. B. der Immissionsschutzbeauftragte, werden teilweise in den o. g. Gesetzen explizit gefordert; oft ist es aber auch für Betriebe bzw. für Krankenhäuser, die keinen Beauftragten stellen müssen, angebracht, daß Mitarbeiter speziell für Fragestellungen des Umweltschutzes ausgebildet und entsprechend dem aktuellen Stand der Verordnungen weitergebildet sind.

Mit der 1974 erfolgten Institutionalisierung eines *Betriebsbeauftragten für Immissionsschutz* erhoffte sich der Gesetzgeber eine praktisch wirksame Ergänzung der staatlichen Bemühungen um die Beachtung des Immissionsschutzrechts.

Darüber hinaus war diesem Betriebsbeauftragten die Rolle zugedacht, den betrieblichen Umweltschutz zu optimieren.

Der Gesetzgeber hat den Immissionsschutzbeauftragten als Beauftragten des Betriebes und nicht als Beauftragten des Staates konzipiert. Er soll eine Art "Gewissen" des Betreibers in Umweltschutzfragen sein. Dabei ist die Feststellung wichtig, daß das Gesetz den Immissionsschutzbeauftragten nicht mit innerbetrieblichen Entscheidungs- und Eingriffbefugnissen ausstattet. Auch im Zusammenhang mit seiner Kontroll- und Überwachungsaufgaben ist er lediglich berechtigt, den Betrieb über Mängel zu unterrichten und Maßnahmen vorzuschlagen.

3.1 Fachkunde und Zuverlässigkeit des Immissionsschutzbeauftragten

Nach dem Bundes-Immissionsschutzgesetz darf der Betreiber zum Immissionsschutzbeauftragten nur bestellen, wer die zur Erfüllung seiner Aufgaben erforderliche Fachkunde und Zuverlässigkeit besitzt, die in der 6. Verordnung zur Durchführung des BImSchG festgelegt ist.

Die *Fachkunde* erfordert

1. Abschluß eines Studiums auf den Gebieten des Ingenieurwesens, der Chemie oder Physik an einer Hochschule sowie während einer zweijährigen praktischen Tätigkeit erworbene Kenntnisse über die Anlagen, für die der Immissionsschutzbeauftragte bestellt werden soll, oder
2. eine technische Fachausbildung oder die Qualifikation als Meister auf einem entsprechenden Fachgebiet sowie während einer vierjährigen praktischen Tätigkeit erworbene entsprechenden Kenntnisse.

Die *Zuverlässigkeit* erfordert, daß der Immissionsschutzbeauftragte auf Grund seiner persönlichen Eigenschaften, seines Verhaltens und seiner Fähigkeiten zur ordnungsgemäßen Erfüllung der ihm obliegenden Aufgaben geeignet ist.

3.2 Aufgaben des Immissionsschutzbeauftragten

Die besonderen Aufgaben des Immissionsschutzbeauftragten sind im Gesetz umschrieben. Diese Bestimmungen sind nicht so auszulegen, als könnte der einzelne Beauftragte aus ihnen unmittelbar Rechte und Pflichten ableiten. Seine Befugnisse ergeben sich allein aus seinem Verhältnis zum Arbeitgeber. Das BImSchG legt lediglich fest, in welchem Umfang dem Immissionsschutzbeauftragten Aufgaben und Rechte zu übertragen sind.

Aufgaben des Immissionsschutzbeauftragten

1. Entwicklung umweltfreundlicher Verfahren und Erzeugnisse,
2. Begutachten der Umweltfreundlichkeit,
3. Kontrolle der Emissionen und Immissionen,
4. Aufklärung der Betriebsangehörigen.

An die Spitze der Aufgaben des Immissionsschutzbeauftragten hat der Gesetzgeber das Recht und die Pflicht gesetzt, auf die Entwicklung und Einführung umweltfreundlicher Verfahren und Erzeugnisse, einschließlich einer schadlosen Verwertung von Reststoffen oder deren ordnungsgemäße Beseitigung als Abfall, hinzuwirken. Im engen Zusammenhang dazu steht die zweite Aufgabe, neue Verfahren im Hinblick auf die Umweltverträglichkeit zu begutachten.

Als dritter selbständiger Aufgabensektor des Betriebsbeauftragten wird seine Kontroll- und Überwachungsfunktion in bezug auf das Umweltrecht hervorgehoben, wobei es sich hier um eine innerbetriebliche Überwachung handelt. Eine Anzeigenpflicht gegenüber der Überwachungsbehörde besteht für den Immissionsschutzbeauftragten nicht. Zusätzlich zur Kontrollfunktion wird die Informationsaufgabe der Betriebsbeauftragten gegenüber Betreiber (Berichtspflicht) und gegenüber Betriebsangehörigen (Aufklärungsfunktion) hervorgehoben.

Die Wirkung der Tätigkeit des Immissionsschutzbeauftragten hängt wesentlich davon ab, daß er mit Betreiber und Betriebsangehörigen vertrauensvoll zusammenarbeitet.

4   Die universitätsklinikumseigene Verbrennungsanlage für C-Abfall

4.1   Geschichtliches

Die C-Abfall-Verbrennungsanlage der Universität Heidelberg befindet sich auf dem Gelände des Neuklinikums in direkter Nachbarschaft zu einem beliebten Wohn- und Gemüseanbaugebiet im Norden Heidelbergs. Errichtet wurde diese Anlage, die 1979 in Betrieb genommen wurde, auf Basis der Vorgaben des Planfeststellungsbeschlusses aus dem Jahre 1976. Die Verlängerung der 1990 auslaufenden Betriebsgenehmigung war in einem öffentlichen Planfeststellungsverfahren zu beantragen. Als Grundlage für den im Mai 1990 ergangenen Planfeststellungsbeschluß diente der zum damaligen Zeitpunkt vorliegende Entwurf der "Verordnung über Verbrennungsanlagen für Abfälle", die 17. BImSchV. In Tabelle 1 ist die Entwicklung der Emissionsanforderungen seit 1976 festgehalten.

Tabelle 1. Emissionsanforderungen

	1976 Planfeststellungsbeschluß mg/m^3	1986 TA-Luft mg/m^3	1990 (Nov) 17. BImSchV mg/m^3	1990 (Mai) Planfeststellungsbeschluß mg/m^3
Gesamtstaub	100	30	10	10
CO	1000	100	50	50
organische Stoffe	-	20	10	10
HCl	100	50	10	10
HF	5	2	1	1
SO_2	600	100	50	50
NO_x	340	500	200	100
Schwermetalle				
Cd, Tl	-	0,2	0,05	0,1
Hg	-	1	0,05	0,1
Sb, As, Pb, Cr, Co, Cu, Mn, Ni, V, Sn	-	5	0,5	1,0
Dioxine, Furane	-	-	$0,1$ ng TE/m^3	$0,1$ ng TE/m^3

Bei der Verabschiedung des Planfeststellungsbeschlusses im Mai 1990 wurden die Grenzwerte des zum damaligen Zeitpunkt vorliegenden Entwurfes der 17. BImSchV zugrundegelegt. Für die Stickstoffoxide (NO_x) wurden 100 mg/m^3 festgesetzt, während in der endgültigen Fassung (Nov. 1990) der NO_x-Grenzwert auf 200 mg/m^3 zurückgenommen wurde. Erstmals in einem Genehmigungsverfahren wurde auch ein Dioxingrenzwert von 0,1 ng/m^3 vorgeschrieben.

Die notwendigen Sanierungsmaßnahmen zur Einhaltung der Grenzwerte erforderten neben der Optimierung der vorhandenen Verbrennungsöfen den kompletten Neubau der Rauchgasreinigungsanlage, mit Entstaubung, zweistufiger Naßwäsche, Dioxinfilter und Stickoxidekatalysator. Die Gesamtkosten für die Sanierung der Abfallverbrennungsanlage beliefen sich auf rund 17 Mio. DM.

4.2   Beschreibung der Abfallverbrennungsanlage

Im folgenden vereinfachten Verfahrensbild sind die wichtigsten technischen Merkmale der Heidelberger Verbrennungsanlage aufgeführt. Sie werden hier anhand einer anschaulicheren Darstellung, die aber von der Wärmenutzung über die Entstaubung und Wäsche der Rauchgase alle wesentlichen Merkmale unserer Verbrennungsanlage enthält, erläutert.

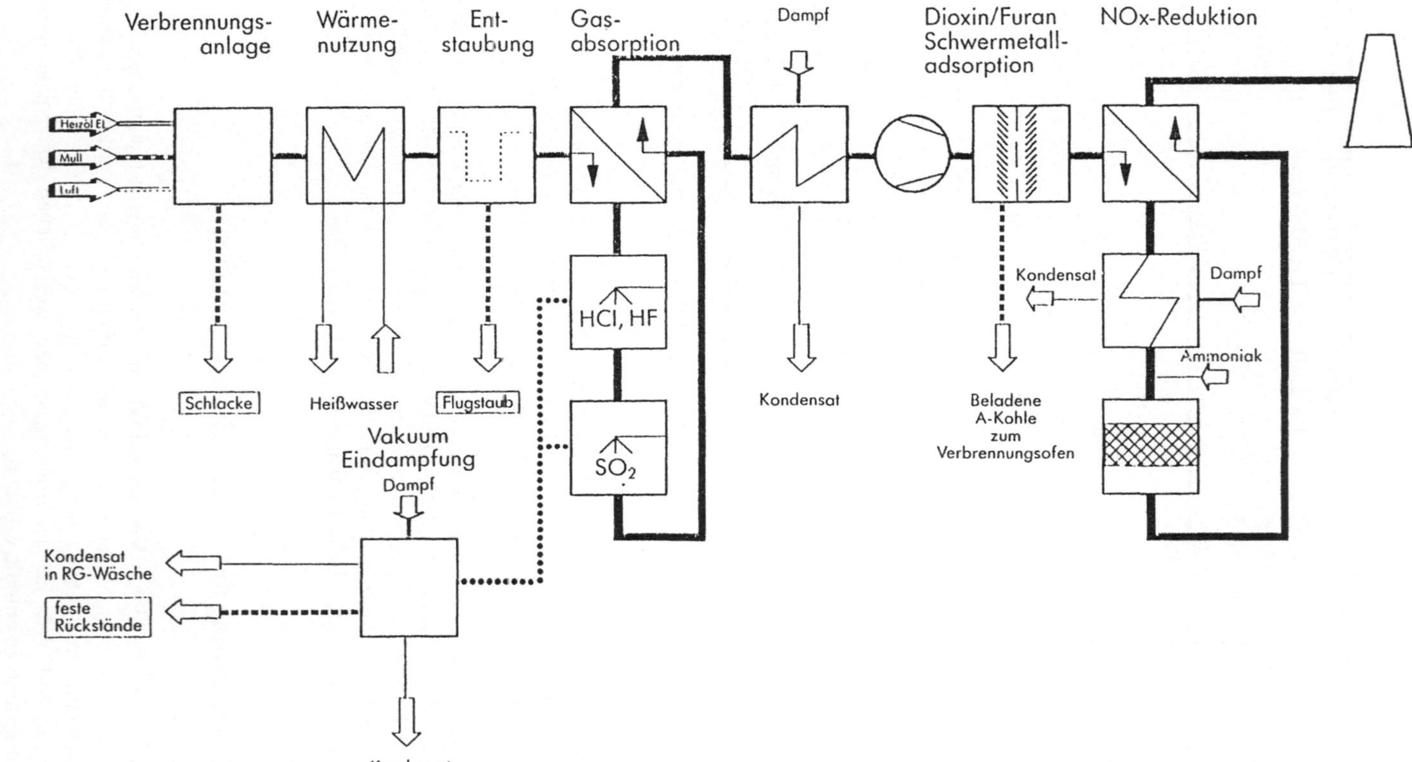

Abb. 1. Verbrennungsanlage

4.2.1 Verbrennungsöfen

In den Verbrennungsöfen werden Trocken- und Naßabfälle sowie Spreu und Kadaver aus den Tierhaltungen verbrannt. Angeliefert werden die Abfälle in 220-l-Mehrwegbehältern, die nach der Entleerung automatisch gereinigt werden. Die Beschickung erfolgt über zwei Beschickungsschleusen, eine für Naßabfall, eine für Trockenabfall. Die 220-l-Behälter werden manuell in eine Aufzugvorrichtung geschoben und über eine automatische Hub-Kipp-Einrichtung entleert. Die Trockenabfälle werden direkt auf den Vorschubrost geleert. Die Naßabfälle rutschen aus der Beschickungsschleuse zunächst in eine Keramikwanne. Hier werden sie durch die vorbeiströmenden heißen Rauchgase vorgetrocknet. Erst danach werden sie durch einen Stößel auf den darunterliegenden Vorschubverbrennungsrost geschoben, wo die vollständige Verbrennung erfolgt.

Die Verbrennung erfolgt grundsätzlich selbstgängig. Bei An- und Abfahren bzw. bei Unterschreitung der Mindesttemperatur werden Ölbrenner automatisch zugeschaltet. Unterwindgebläse und Rauchgaszirkulationsgebläse lassen eine gezielte Feuerungsführung zu und begünstigen somit den guten Ausbrand.

4.2.2 Wärmenutzung

Dem vorhandenen Abhitzekessel wurde ein neuer, abklopfbarer Strahlungsabhitzekessel vorgeschaltet, der durch große Querschnitte gekennzeichnet ist. Die Rauchgase werden dabei von 950 °C auf ca. 400 °C abgekühlt. Dabei wird die Dioxin-Furan-Rückbildung an staubbehafteten Heizflächen und Apparatewandungen minimiert. Im zweiten, nicht abreinigbaren Kessel werden die Rauchgase auf ca. 200 °C abgekühlt. Die Wärme wird zur Heizwassererzeugung genutzt und in das vorhandene Heiznetz der Universität eingespeist.

4.2.3 Staubabscheidung

Zur Entstaubung der aus dem Wärmetauscher kommenden Rauchgase wurde ein Gewebefilter installiert. Der im Filter abgeschiedene Staub wird staubfrei in Säcke abgefüllt und als Sondermüll entsorgt.

4.2.4 Rauchgaswäsche

Im ersten Wäscher werden die Schadstoffe HCl, HF, Reststaub und Schwermetalle bei saurem pH abgeschieden. Das Rauchgas wird dabei mit dem über Düsen fein zerstäubten Waschwasser in innigen Kontakt gebracht. Der pH-Wert wird durch Zugaben von Kalkmilch aufrecht erhalten.

Die zweite Waschstufe dient zur Abscheidung von Schwefeldioxid und wird im neutralen Bereich bei pH 6,5 betrieben. Hierbei wird der pH-Wert mittels Natronlauge konstant gehalten.

4.2.5 Aktivkoksfilter (Dioxinfilter)

Die Rauchgase werden einem Aktivkoksadsorber zugeführt, der aus zwei je 40 cm dicken Segmenten besteht. Die Vorrichtung ist so konzipiert, daß die zwei Schichten Braunkohlekoks diskontinuierlich abgezogen werden können und dadurch unverbrauchter Koks aus einem Vorratsbehälter nachrückt. Der abgezogene Koks wird pneumatisch direkt wieder dem Verbrennungsvorgang zugeführt.

4.2.6 Entstickungsanlage (DENOx-Katalysator)

Über ein Düsensystem wird das Reduktionsmittel Ammoniak gasförmig in den Rauchgasstrom eingemischt. Der Katalysator (eine japanische Lizenz) ist auf metallkeramischer Basis aufgebaut, in die die aktiven Komponenten V_2O_2 und WO_3 homogen eingebunden sind.

4.2.7 Verbrennungsrückstände

Auch die modernste Verbrennungsanlage löst Abfall nicht "in Rauch" auf. Es fallen unterschiedliche Verbrennungsrückstände an, die entsorgt werden müssen: Schlakke, Flugstaub und Wäschersalze.

Die Gewichtsreduktion von C-Abfall zu Schlacke beträgt zwischen 1:8 und 1:10, da aber Schlacke wesentlich dichter als Klinikabfall ist, resultiert daraus eine für die Deponiekapazität entscheidende Volumenreduktion von ca. 1:40 bis 1:50. Daneben fallen noch Flugstaub, ca. 2,5 t/Jahr und Wäschersalze an, die beide in Fässern abgefüllt in einer Untertagedeponie gelagert werden.

4.3   Emissionsmessungen

Folgende Emissionen werden in der Heidelberger Klinikverbrennungsanlage kontinuierlich gemessen: Kohlenmonoxid (CO), Schwefeldioxid (SO_2), Stickstoffoxide (NO und NO_2, als NO_x erfaßt), Chlorwasserstoff (HCl), Gesamtorganischer Kohlenstoff (C_{ges}) und Staub (s. Abb. 2 und 3). Über ein modernes eignungsgeprüftes Meßgerät werden die Emissionswerte EDV-gestützt erfaßt und als Tagesprotokoll ausgedruckt.

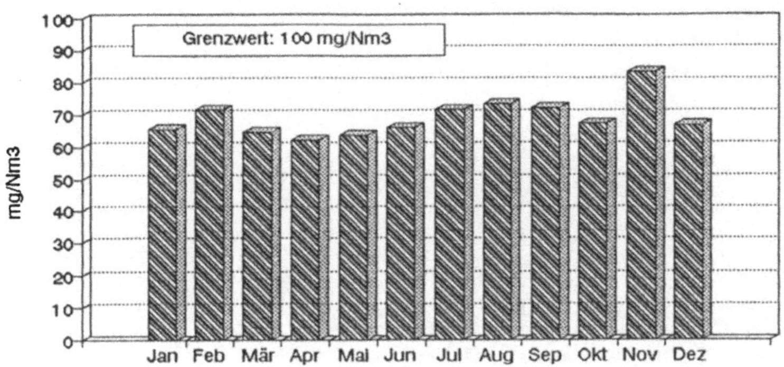

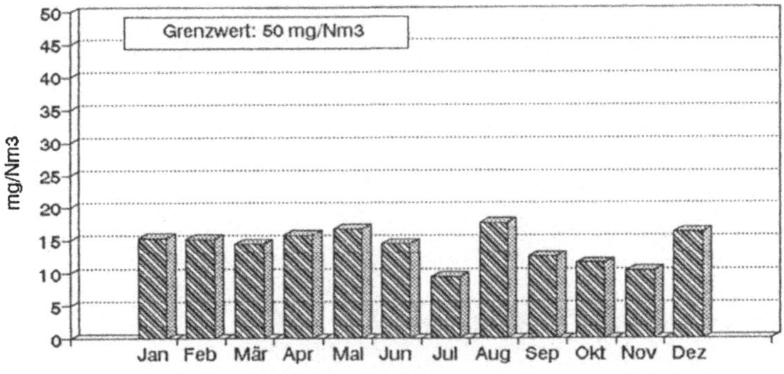

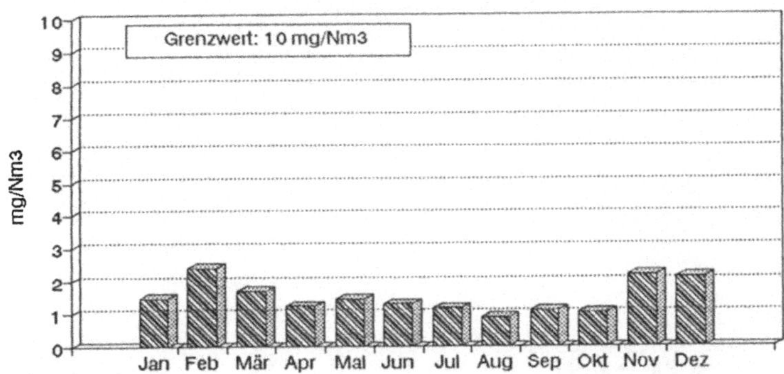

Abb. 2. NO_x-, CO- und Staubemissionen der Abfallverbrennungsanlage des Universitätsklinikums Heidelberg

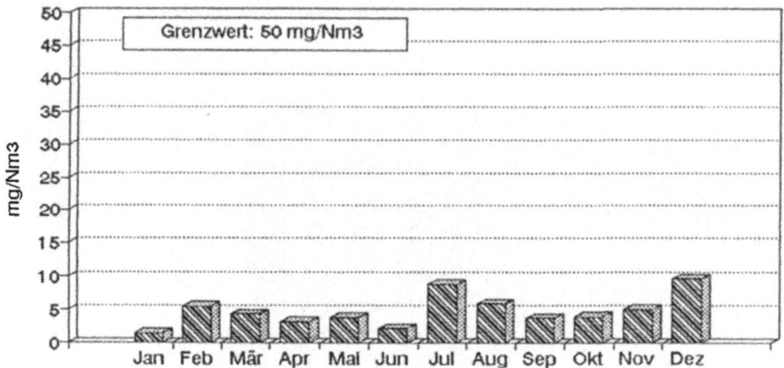

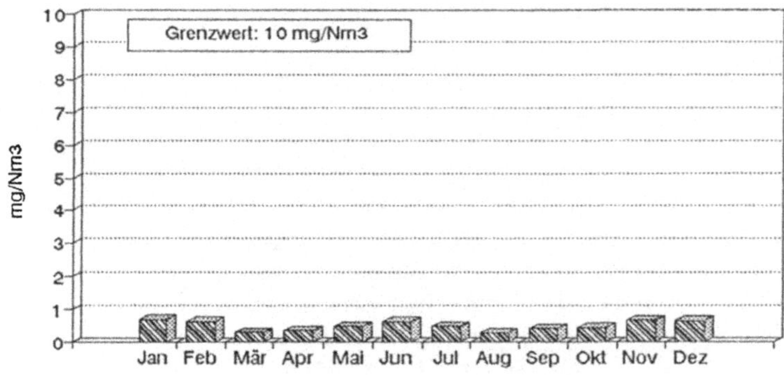

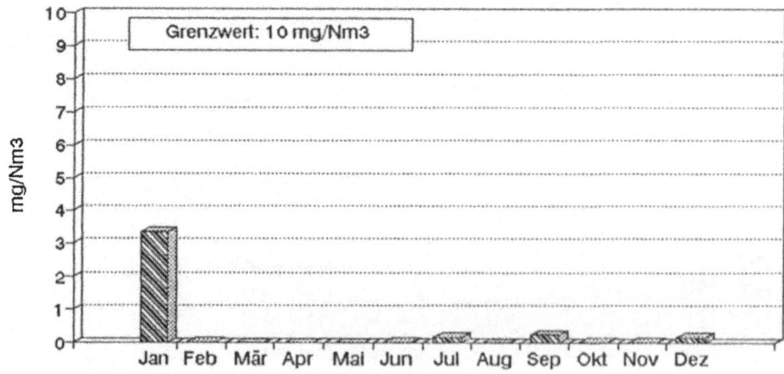

Abb. 3. SO_2-, C_{ges}- und HCl-Emissionen der Abfallverbrennungsanlage des Universitätsklinikums Heidelberg

Die Meßprotokolle werden permanent vom Betriebsleiter überprüft und jährlich dem Gewerbeaufsichtsamt vorgelegt. Zudem wird, ausgehend von diesen Daten, ein monatlicher interner Emissionsbericht erstellt.

Diese kontinuierlichen Aufzeichnungen gewähren ein sofortiges Reagieren bei Abweichungen vom Sollzustand. Beim Überschreiten von Emissionsgrenzwerten eines anderen definierten Anlageparameters wird die Abfallbeschickung spätestens nach 20 min automatisch verriegelt, so daß kein Abfall mehr eingebracht werden kann.

Die Diagramme zeigen die Emissionswerte für das Jahr 1993 im Vergleich zu den geforderten Grenzwerten. Aufgrund der Meßwerte kann festgestellt werden, daß die Emissionen der Verbrennungsanlage deutlich unter den geforderten Grenzwerten liegen, einschließlich der NO_x-Werte, die unterhalb der geforderten 100 mg/m^3 liegen – ein Grenzwert, der in der endgültigen Fassung der 17. BImSchV auf 200 mg/m^3 erhöht wurde.

Dioxine und Furane können nach dem augenblicklichen Stand der Technik nicht kontinuierlich gemessen werden. In diesem Fall nimmt der TÜV jährlich eine Analysenprobe, wobei auch hier durch das Dioxinfilter der geforderte Grenzwert von 0,1 ng/m^3 mit gemessenen 0,003 ng/m^3 bei weitem unterschritten wird.

Dioxinemission 1993:
Grenzwert   0,100 ng/m^3
Meßwert   0,003 ng/m^3

Die Emissionsmeßgeräte werden permanent gewartet, kalibriert und inspiziert.

5   Strategien der Abfallvermeidung

Wie vom Gesetzgeber betont, ist der Immissionsschutzbeauftragte nicht nur für Emissionen und Immissionen zuständig, sondern für alle Bereiche des Umweltschutzes, so auch für Abfallvermeidung.

5.1   Leitlinien des Baden-Württembergischen Ministeriums für Wissenschaft und Forschung

Es gibt mittlerweile viele Anregungen und Vorschläge, wo im Krankenhaus Abfall eingespart werden kann. Umweltbewußter Einkauf kann hier viel bewirken. Stellvertretend hier nur die Leitlinien zur Müllvermeidung und Müllreduktion, die Vertreter der vier großen Universitätsklinika des Landes Baden-Württemberg in einer Arbeitssitzung unter der Federführung des Baden-Württembergischen Ministeriums für Wissenschaft und Forschung erarbeitet haben. Dabei wurden drei Schwerpunkte gesetzt:

Tabelle 2. Müllvermeidung und Müllreduktion

EINZUSCHRÄNKENDE PRODUKTE:		**ABZUSCHAFFENDE PRODUKTE**	
Einweg	–Unterlagen	Einmal	–Nierenschalen
	–Windeln		–Überschuhe
	–Papierhandtücher		–Pinzetten
Einmal	–Abdeckungen		–Skalpelle
	–Absaugsysteme		–Scheren
	–Klammernahtgeräte		–Rasierer
Einweg	–Behälter für Reinigungsmittel	Einweg	–Verpackungen (Lebensmittel)
		Einmal-	–Besteck
			–Geschirr
			–Trinkbecher

WEITERE ALTERNATIVEN:
–Abfüllen von Großgebinden in Mehrwegbehältnisse
–Einrichten von Altchemikalienbörsen
–Anschaffung von Großgebinden und Portioniermaschinen im Küchenbereich

5.2   Abfallstatistik: Mengen und Kosten

Der erste Schritt vor der Durchführung einer Müllvermeidungsmaßnahme ist es, den Ist-Zustand möglichst genau zu erfassen. Eine genaue Abfallstatisitk mit Mengen und Kosten ist ein unumgängliches Werkzeug, um Änderungsvorschläge einzubringen, da den meisten Mitarbeitern die Abfallmengen und -kosten nicht bewußt sind.

Anhand solcher Statistiken erhält man Daten, die mit denen anderer Institutionen vergleichbar sind und eine Standortbestimmung ermöglichen. Um eine Vergleichbarkeit aller Daten bei Einrichtungen unterschiedlicher Größe zu ermöglichen, werden sie auf einen gemeinsamen Nenner gebracht: *Abfallmenge/ Pflegetag*. Dies ist ein Standard, der bei der Abfallvermeidungsstrategie für C-Abfall erstmals angewandt wurde und sich bewährt hat. Außerdem ist eine Gesamtmüllmenge von einigen Tonnen zwar beeindruckend, aber nicht anschaulich. Dagegen ist eine Gesamtmüllmenge von 5,7 kg bzw. 28 l pro Patient pro Tag, wie sie im Klinikum Heidelberg anfällt, eine für alle nachvollziehbare Menge.

KLINIKUM DER UNIVERSITAET HEIDELBERG
Abfallmengen 1993

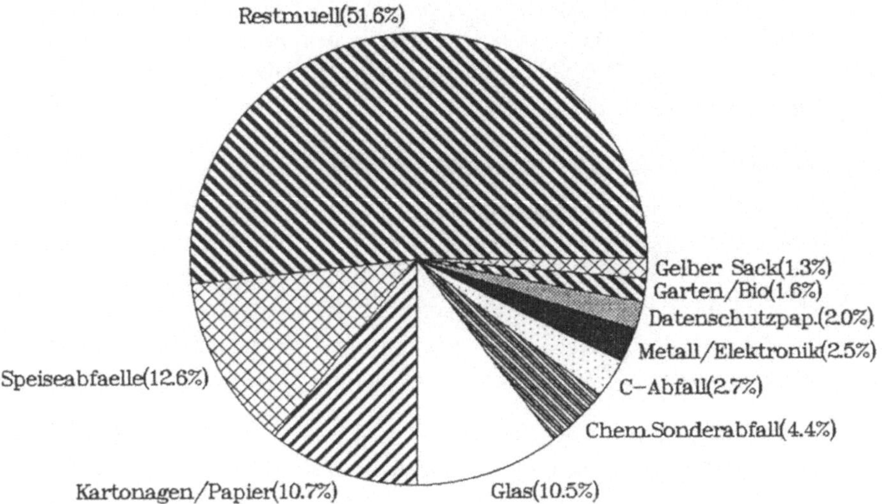

Abfallart		Menge/(t)	DM/kg	Kosten (DM)
Restmüll		1.470,7	1,00	1.463.542,-
Speiseabfälle*	ca.	360,0	0,05	18.693,-
Kartonagen/Papier		305,2	0,20	59.640,-
Glas*		298,7	0,00	0,-
Chem. Sonderabfall		125,3	1,44	180.360,-
Infektiöser Abfall		77,6	4,46	346.185,-
Metallschrott		57,6	0,13	7.289,-
Datenschutzpapier		56,9	0,43	24.415,-
Gelber Sack*[+]		38,3	0,00	0,-
Gartenabfälle*		38,2	0,26	10.078,-
Elektronikschrott		15,1	1,19	18.038,-
Bioabfall		7,0	0,20	1.386,-
Sonstiges[#]		–	–	112.472,-
Gesamt		2.850,6		2.242.098,-

* Gewichte anhand des Containerinhaltes geschätzt
+ gelber Sack, Dosen und Kunststoffe
# Öl- und Benzinabscheider, Flusenbecken, Fettabscheider, Altöl, Kältemaschinenöl, Leuchtstoffröhren, Kühlaggregate, Brut- und Trockenschränke, Schlacke(AVA) und Filterstäube (AVA).

Abb. 4. Abfallmengen 1993

5.3   Sparmaßnahmen

Aufgrund des Gesundheitsstrukturgesetzes vom 21.12.92 hat der Vorstand des Klinikums Heidelberg ein Sparkonzept beschlossen, in dem es u. a. heißt: "Die Aktivitäten zur Vermeidung von Abfall sowie zur Verwertung statt Entsorgung sind mit hoher Priorität auszubauen."

Zwei Erkenntnisse gehen aus dieser Aussage hervor:

1. Das Bewußtsein, daß Abfall alle etwas angeht, ist bis in die oberste Verwaltungsebene vorgedrungen, und
2. Kosten einsparen (es geht um ein Sparkonzept) ist ein wichtiger Gesichtspunkt bei diesem neuen Abfallbewußtsein.

Das heißt, daß jede Maßnahme, die in Richtung Müllvermeidung oder Umweltschutz getroffen wird, eine Sparmaßnahme sein sollte.

Dieser wichtige Punkt ist in Heidelberg gegeben, wo die Kosten für die Entsorgung von Restmüll in den letzten Jahren explodiert sind.

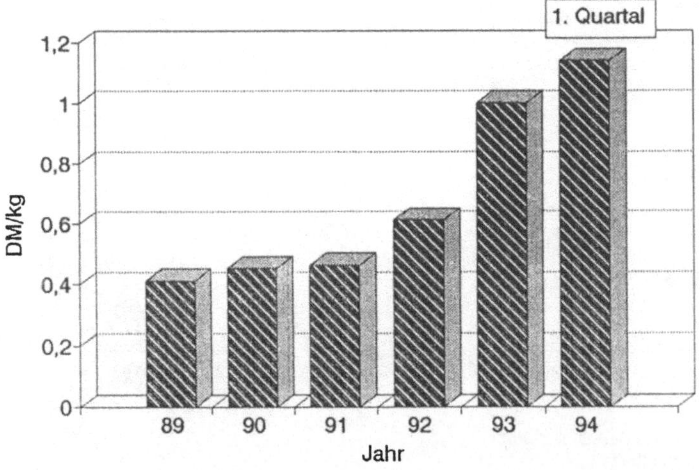

Abb. 5. Klinikum der Universität Heidelberg: Entsorgungskosten/kg Restmüll 1989-1994

Durch diese hohen Entsorgungskosten fällt eine ökonomische Bilanz von Einweg- im Vergleich zu Mehrwegprodukten in vielen Fällen zugunsten von Mehrwegprodukten aus. Dies konnte im Bereich der Küche des Heidelberger Klinikums anhand einer Studie des Heidelberger Instituts für Energie und Umweltschutz (IFEU), das die Kosten von Einweg- und Mehrwegprodukten gegenüberstellte (B. Zöller: Mangement & Krankenhaus 10/1991) gezeigt werden. Nach der Umstellung im Laufe des Jahres 1992 hat die Praxis die enorme Abfallvermeidung und damit auch Kosteneinsparnis auf eindrucksvolle Weise bestätigt.

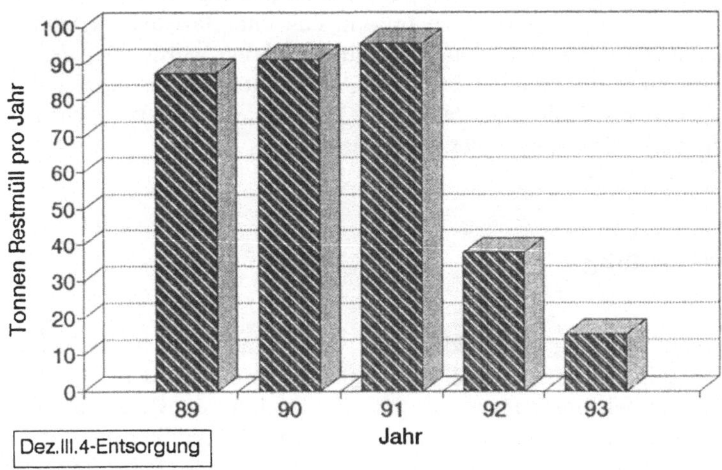

Abb. 6. Klinikum der Universität Heidelberg: Abfallvermeidung Küche/VZM

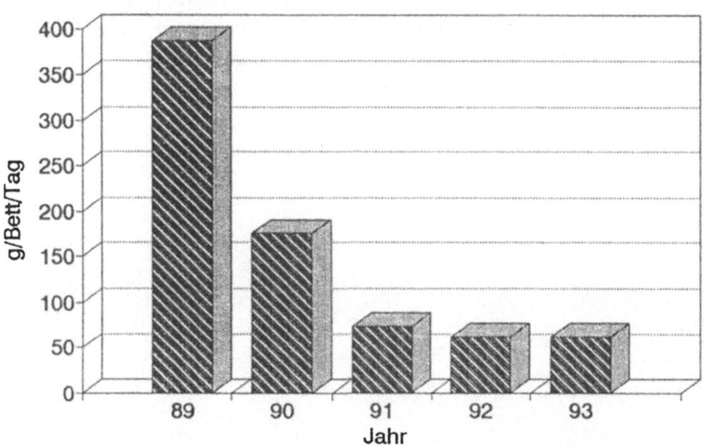

Abb. 7. Klinikum der Universität Heidelberg: C-Abfall (g/Bett/Tag) 1989-1993

5.4   Minimierung von "infektiösem" bzw. C-Abfall

Dieses Thema führt zurück zur Verbrennungsanlage. Der Anlaß für Abfallredukti-
onsmaßnahmen bei dieser Abfallart am Klinikum der Universität Heidelberg war
nicht nur die Initiative des Umweltministeriums Baden-Württemberg und die
Arbeitsgemeinschaft der Universitätsklinika des Landes, sondern auch die Tatsache,
daß die Heidelberger Verbrennungsanlage saniert wurde und in dieser Zeit die

infektiösen Abfälle kostenträchtig durch eine Fremdfirma entsorgt werden mußten. Die Problematik erschien dem Klinikum so brisant, daß eine Arbeitskraft hauptamtlich mit der Abfallminimierung auf diesem Gebiet beauftragt wurde. Der Erfolg dieser Informations- und Aufklärungsarbeit vor Ort auf den Stationen, um das Pflegepersonal von den bis dahin angestammten Gewohnheiten abzubringen, hat sich in der Abfallstatistik nachhaltig bemerkbar gemacht.

6   Schlußbetrachtung

Immissionsschutzbeauftragte für die Heidelberger universitätseigene C-Abfallverbrennungsanlage zu sein, ist das "reinste Vergnügen"! Diese nach dem neuesten Stand der Technik umgebaute Anlage ist mit der modernsten Rauchgasreinigungsanlage Europas (Entstaubung, zweifache Naßwäsche, Dioxinfilter und Stickoxidekatalysator) ausgerüstet. Die kontinuierliche automatische Erfassung der Emissionswerte und die EDV-gesteuerte Ausgabe von Tagesprotokollen, die jederzeit einsehbar sind, ermöglichen eine lückenlose Überwachung der Emissionen. Aus diesen Gründen beschränkt sich der Zeitaufwand zur Kontrolle der Emissionswerte auf ein Minimum und läßt Zeit für die anderen Aufgaben als Immissionsschutzbeauftragter und Mitglied der Entsorgungsabteilung, wie u. a. Organisation der Abfallströme, Abfallvermeidung und Umsetzung der Gefahrstoffverordnung.

Erfahrungen des Gewässerschutzbeauftragten an einer Universitätsklinik

Friedrich Tilkes

In der Vergangenheit wurde Abwasser aus Anstalten des Gesundheitswesens nur seuchenhygienisch beurteilt. Nicht zuletzt durch die Ausführungen des Wasserhaushaltsgesetzes, der Indirekteinleiterverordnung und der kommunalen Kanalsatzungen sind Krankenhausleitungen/-träger aufgefordert, weitere Kriterien bei der Entsorgung von Abwasser zu berücksichtigen.

Um diesen Aufgaben nachzukommen, wurde in § 21a Abs. 2 festgehalten, daß die zuständige Behörde anordnen kann, daß auch Einleiter von Abwasser in Gewässer, die *weniger* als 750 m^3 einleiten, und Einleiter von Abwasser in Abwasseranlagen einen oder mehrere Gewässerschutzbeauftragte zu bestellen haben.

Nach § 21b Abs. 1 ist der Gewässerschutzbeauftragte berechtigt und verpflichtet,

1. die Einhaltung von Vorschriften, Bedingungen und Auflagen im Interesse des Gewässerschutzes zu überwachen, insbesondere durch regelmäßige Kontrolle der Abwasseranlagen im Hinblick auf die Funktionsfähigkeit, den ordnungsgemäßen Betrieb sowie die Wartung, durch Messungen des Abwassers nach Menge und Eigenschaften, durch Aufzeichnungen der Kontroll- und Meßergebnisse; er hat dem Benutzer festgestellte Mängel mitzuteilen und Maßnahmen zu ihrer Beseitigung vorzuschlagen;
2. auf die Anwendung geeigneter Abwasserbehandlungsverfahren einschließlich der Verfahren zur ordnungsgemäßen Verwertung oder Beseitigung der bei der Abwasserbehandlung entstehenden Reststoffe hinzuwirken;
3. auf die Entwicklung und Einführung von
   - innerbetrieblichen Verfahren zur Vermeidung oder Verminderung des Abwasseranfalls nach Art und Menge und
   - umweltfreundlichen Produktionen hinzuwirken;
4. die Betriebsangehörigen über die in dem Betrieb verursachten Gewässerbelastungen sowie über die Einrichtungen und Maßnahmen zu ihrer Verminderung unter Berücksichtigung der wasserrechtlichen Vorschriften aufzuklären.

Nach § 21b Abs. 2 erstattet der Gewässerschutzbeauftragte dem Benutzer jährlich einen Bericht über die nach Abs. 1 getroffenen und beabsichtigten Maßnahmen.

Nach § 21b Abs. 3 kann die zuständige Behörde im Einzelfalle die in den Absätzen 1 und 2 aufgeführten Aufgaben des Gewässerschutzbeauftragten

1. näher regeln,
2. erweitern, so weit es die Belange des Gewässerschutzes erfordern,
3. einschränken, wenn dadurch die ordnungsgemäße Selbstüberwachung nicht beeinträchtigt wird.

Im Falle unseres Klinikums mit über 1300 Betten hat sich die Stadt Gießen dazu entschlossen, von der Universität speziell für dieses Klinikum einen Gewässerschutzbeauftragten zu fordern.

Die aus § 21b abzuleitenden Aufgaben verdeutlichen, daß für einen Wirtschaftsbetrieb "Großklinikum" eine solche Aufgabe nicht ganz nebenbei bewältigt werden kann.

Im folgenden soll nicht weiter auf gesetzliche Einzelheiten des § 21 und folgende eingegangen, sondern die Vorgehensweise und die Erfahrungen aus dem Gießener Klinikum übermittelt werden.

Die Gießener Kanalsatzung, die auf der Musterkanalsatzung des Gemeinde- und Städteverbandes aufgebaut ist, beinhaltet grundsätzlich Einleitungsverbote für Abwasser,

– das das Personal bei der Wartung und Unterhaltung der Anlagen gefährdet,
– den Bauzustand und die Funktionsfähigkeit der Abwasseranlage stört,
– die Abwasserbehandlung und die Klärschlammverwertung gefährdet,
– den Gewässerzustand nachhaltig beeinträchtigt und sich sonst umweltschädigend auswirkt.

Darüber hinaus dürfen Abfälle und Stoffe, die die Kanalisation verstopfen, giftige, übelriechende oder explosive Dämpfe und Gase bilden oder Bau- und Werkstoffe in stärkerem Maße angreifen, nicht in Abwasseranlage eingebracht werden. Dazu zählen u. a.

– Blut, Schlachtabfälle, Jauche, Gülle, Benzin, Heizöl, Schmieröl,
– tierische und pflanzliche Öle und Fette,
– Säuren und Laugen,
– halogenierte Kohlenwasserstoffe,
– toxische Stoffe.

Abfallzerkleinerungsanlagen und Naßentsorgungsanlagen dürfen nicht betrieben werden.

Neben diesen allgemeinen Einleitungsverboten hat sich die Kommune zur Einführung von Grenz- *und* Schwellenwerten für eine Reihe von Parametern entschieden.

Ein Vergleich von Schwellen- und Grenzwerten verschiedener Kommunen untereinander macht deutlich, daß mit sehr unterschiedlichen Maßen gemessen wird. In der Regel werden Schwellen- und Grenzwerte für die Beurteilung des Abwassers an den Übergabepunkten zum kommunalen Abwassernetz eingesetzt. Grundsätzlich besteht jedoch von Seiten der Gemeinden auch die Möglichkeit, an den Entstehungsorten der jeweiligen Abwasserbelastung zu messen und ihre Schwellen- und Grenzwerte in Starkverschmutzerzuschlägen zu verrechnen.

Krankenhäuser stellen, wie bereits weiter oben ausgeführt, Einrichtungen dar, die nicht nur die Funktion der reinen Patientenbehandlung beherbergen, sondern darüber hinaus selbst Wirtschaftsbetriebe in unterschiedlichem Umfang betreiben.

Zusammensetzung von Klinikabwasser:

- häusliches Abwasser,
- Laborabwasser,
- Wäscherei,
- Küche,
- Spülmaschinen,
- andere Desinfektionsmittel,
- Arzneimittel,
- Kfz-Werkstätten.

So kann grundsätzlich festgestellt werden, daß der Anfall von Abwasser aus sehr unterschiedlichen Bereichen stammt:

1. Stationsbereiche,
2. Funktionsbereiche wie OP, Röntgen etc.,
3. Laborbereiche,
4. Wirtschaftsbetriebe wie Wäscherei, Küche.

Bei der Beurteilung dieser unterschiedlichen Funktionen eines Klinikums ist es sehr sinnvoll und unumgänglich, sich die Quelle der Schadstoffbilanz, den Einkauf, gründlich anzusehen.

Einfach gestaltet sich diese Recherche für

1. Reinigungs-/Desinfektionsmittel für Flächen und Instrumente,
2. Reinigungs- und Desinfektionsmittel für Wäscherei und Küche.

In der Regel ist mittlerweile in sehr vielen Kliniken auch der Einkauf von Medikamenten und teilweise Laborreagenzien gut EDV-mäßig erfaßt. Für die Laborreagenzien gilt dies insbesondere für Analyseautomaten in Hämatologie, Immunologie, klinischer Chemie etc.

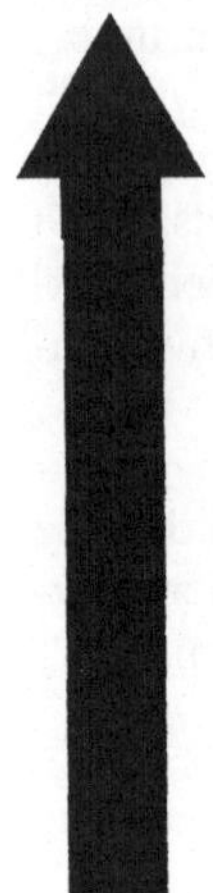

grob geordnet nach zunehmender
biologischer Abbaubarkeit und nach
abnehmender Klärschlammtoxiztät

Abb. 1. Umwelttoxikologische Gesichtspunkte von Desinfektionswirkstoffen

Ganz anders und viel schwieriger gestaltet es sich für Forschungslaboratorien an einem Universitätsklinikum, diese Daten zu ermitteln und Entsorgungspfade klar darzustellen.

Ein Teil dieser Chemikalien, insbesondere Lösungsmittel und Anorganika, werden entsprechend dem Chemikaliengesetz als Sondermüll entsorgt; der Teil der in geringen Mengen im Einsatz befindlichen Feinchemikalien mit hohem Gefährdungspotential entgeht jedoch oft der Bilanzierung.

Während die Ermittlungen, die den Input, d. h. den Einkauf von Feinchemikalien betreffen, insgesamt gesehen beschwerlich sind, haben die Informationen über unseren Output, d. h. die Abgabe an den verschiedenen Übergabestellen, bezogen auf die Parameter der Kanalsatzung der Stadt Gießen, bereits ein beachtliches Niveau erreicht.

Das Klinikum hat sich, sicherlich nicht ganz ohne den Druck der Kommune, vor 3 Jahren dazu entschieden, in Eigenregie, im eigenen EKVO-Labor gezogene Proben entsprechend den Vorgaben der Stadt zu analysieren und diese Daten der Stadt weiterzugeben. Insgesamt beproben wir an ca. 30 Übergabepunkten Abwasser, das unser Klinikum verläßt.

In Abhängigkeit von der in den jeweils entsorgten Gebäuden anfallenden Abwassermenge und den in den beiden ersten Jahren beobachteten Problemparametern wurde das Beprobungs- und Analyseprogramm nach Absprache mit der Stadtverwaltung dem Gefährdungspotential angepaßt.

Parameter, bei denen Schwellen- bzw. Grenzwertüberschreitungen beobachtet wurden, sind:

1. pH,
2. absetzbare Stoffe,
3. CSB,
4. BSB,
5. AOX-Verbindungen,
6. schwerflüchtige lipophile Stoffe wie organische Fette und Öle (H 17),
7. Schwermetalle.

Von den genannten Parametern stellen der CSB, AOX, organische Fette und Öle Parameter mit Schwellen- und Grenzwerten dar, was bedeutet, daß die Kommune zur Kasse bittet.

Von den anorganischen Stoffen werden Überschreitungen bzw. das "Fast-Erreichen" von Schwellen- bzw. Grenzwerten bei Quecksilber, Cadmium und Zink beobachtet.

Wenn man die Ursachen für die Überschreitungen hinterfragt, so ergibt sich folgendes Szenario:

Quecksilber stammt in unserem Klinikum dank mittlerweile kompletter Ausstattung mit Amalgamabscheider entsprechend IfBt nicht aus dem Bereich der Zahnklinik, sondern in einem Fall sicherlich aus der unsachgemäßen Entsorgung von metallischem Quecksilber aus Fieberthermometern, andererseits aus dem Einsatz von quecksilberhaltigen Adstringenzien bzw. Antiseptika.

Zink wurde mehrfach im Abwasser der Haut- und Kinderklinik in erhöhten Konzentrationen nachgewiesen, der Einsatz von Zinksalben muß als Ursache angesehen werden.

pH-Wert-Überschreitungen finden sich dann, wenn Spülmaschinenausläufe relativ direkt in das kommunale Netz geleitet werden und dann ein Verdünnungsfaktor bei der Spüllauge keine Rolle mehr spielt.

Absetzbare Stoffe sind an vielen Entnahmepunkten in erhöhtem Umfang nachweisbar, besonders im Bereich der Spülküche.

Erhöhte CSB-, BSB_5-Werte und erhöhte Konzentrationen an lipophilen Substanzen stehen für hohe organische Belastungen, dies ist besonders im Bereich der Geschirrspülmaschinen von Küchen der Fall. Durch ungenügendes Abräumen und Entfernen von Speiseresten von Geschirr und Bestecken kommt es zum Eintrag der Speisereste in das Abwasser. CSB-Werte von 5000-6000 wurden während des

Betriebes direkt hinter den Maschinen beobachtet und bedeuten aufgrund des niedrigen Schwellenwertes von 400 bzw. 600 mg/l eine massive Erhöhung der Abwasserabgaben.

Bei den halogenierten Kohlenwasserstoffen, als Summenparameter AOX erfaßt, spielten nach gaschromatographischen Analysen insbesondere Frigen und Chloroform die wesentlichste Rolle.

Erhöhte Konzentrationen an Frigen stellen im analytischen Laboratorium ein Problem dar. Es wird hier als Lösungsmittel eingesetzt und beim Einengen mit Rotationsverdampfern über die Wasserstrahlpumpe in erheblichem Umfang ins Abwasser gesaugt. Die Ausstattung von Rotationsverdampfern und Rückfluß-kühlern mit Kühlfallen inklusive Kühlaggregaten ist dringend erforderlich.

Chloroform wird zum größten Teil bei Desinfektionsvorgängen auf der Basis von Aktivchlor gebildet. Dies ist bei allen Spül- und Waschmaschinen der Fall, die mit solchen Präparaten betrieben werden (Abb. 2).

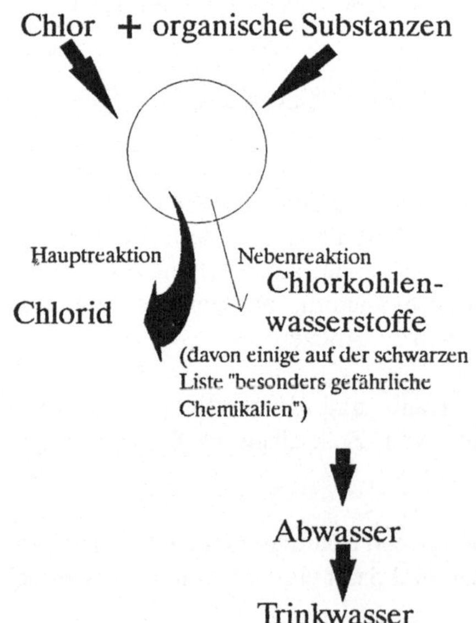

Abb. 2. (s. Text)

Neben diesen beiden genannten organischen Halogenverbindungen entsteht eine große Zahl weiterer Substanzen, deren Identifizierung mit vertretbarem analytischem Aufwand routinemäßig nicht möglich ist. Daher hat sich der Parameter AOX (adsorbierbare organisch gebundene Halogene) etabliert. Eine toxikologische Aussage über diesen Parameter ist jedoch nicht möglich.

Die Schwellenwerte für den AOX-Wert liegen in einzelnen Kommunen sehr unterschiedlich. In Gießen hat man sich Ende 1992 für einen Schwellenwert von 0,1 mg/l entschieden, der Grenzwert liegt bei 0,5 mg/l. Die Beobachtung bei den Abwasserstellen im Bereich der Zentralküche und verschiedene Laborspülmaschinen zeigen, daß nicht nur der Schwellenwert überschritten werden kann, sondern auch Grenzwerte nicht eingehalten werden können. Das bedeutet, daß dieses Abwasser nicht mehr den Anforderungen der Kanalsatzung entspricht und damit von den Kommunen verweigert werden könnte.

Abwasserprobleme einer Küche:

- freies Chlor
  AOX

- Fette/Öle
  H 17

- Stärke

- organische Belastung
  CSB
  TOC

- pH-Wert

- absetzbare Stoffe

In diesem Zusammenhang stellt sich die Frage, in welchen Bereichen auch in Zukunft Chlorabspalter zu Reinigungs- und Desinfektionszwecken eingesetzt werden müssen. Bekannt ist, daß bei Geschirrspülmaschinen zur Zeit Chlor entscheidende Vorteile gegenüber den Sauerstoffabspaltern hat; dies gilt insbesondere bei Spülmaschinen, die in einem relativ niedrigen Temperaturbereich (< 60 °C) arbeiten.

Um die Konzentration der umstrittenen AOX-Verbindungen zu minimieren, ist es einerseits sinnvoll, über die hygienischen Anforderungen an Geschirrspülmaschinen im Krankenhausbereich nachzudenken, andererseits durch die Erhöhung der Spültemperaturen in den Bereich von mindestens 62-65 °C auf den Zusatz einer desinfizierenden Komponente zu verzichten. Inwieweit Sauerstoffabspalter zur Zufriedenheit Kaffee- und Teereste entfernen können, bedarf weiterer Untersuchungen.

Grundsätzlich bietet sich darüber hinaus eine weitere Möglichkeit an, Reinigungs- und Desinfektionsmittel zu reduzieren: Die bessere manuelle Speiseresteentfernung bzw. die maschinelle Entfernung in der ersten Kammer der Spülmaschine. Dieses Spülwasser sollte dann aber direkt dem Abwasser zugeführt werden und die im Gegenstrom arbeitenden Taktspülmaschinen in den weiteren Kammern organisch nicht weiter belasten.

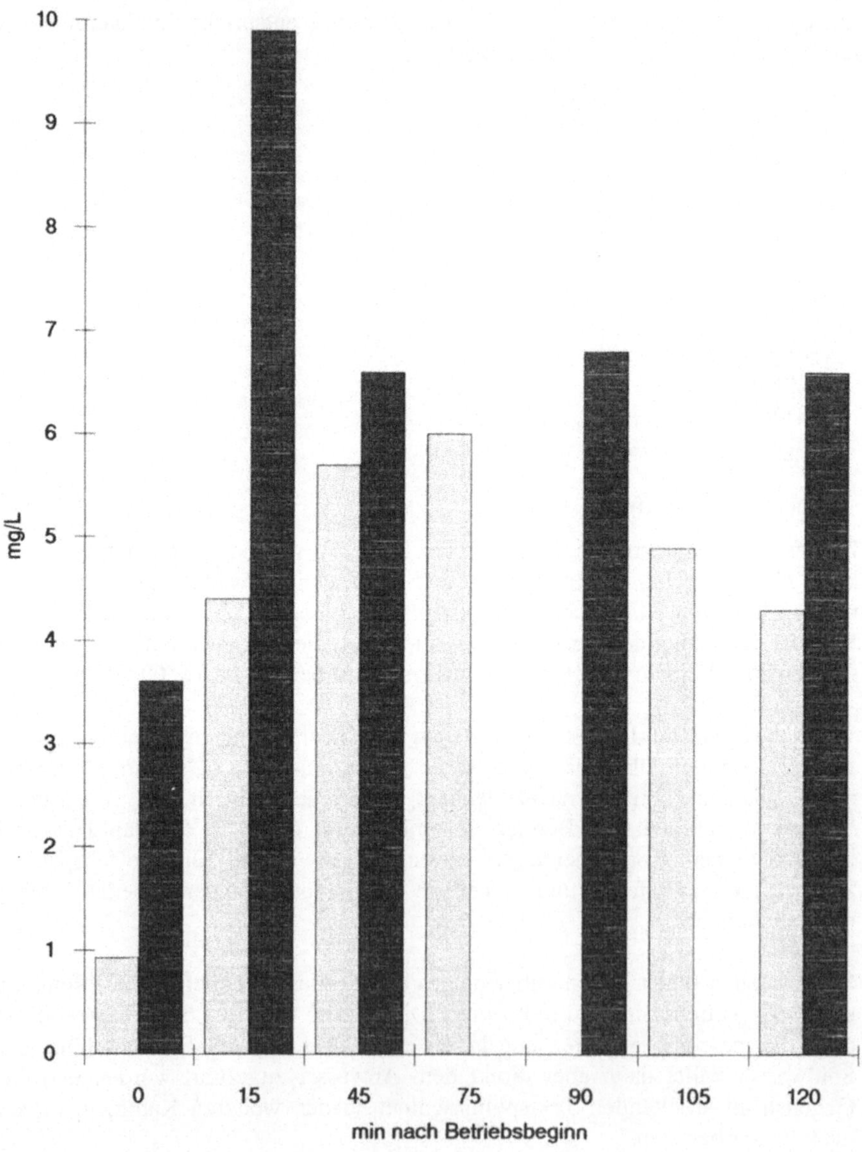

Abb. 3. AOX-Konzentrationen während der Spülphase am Auslauf einer Taktbandanlage

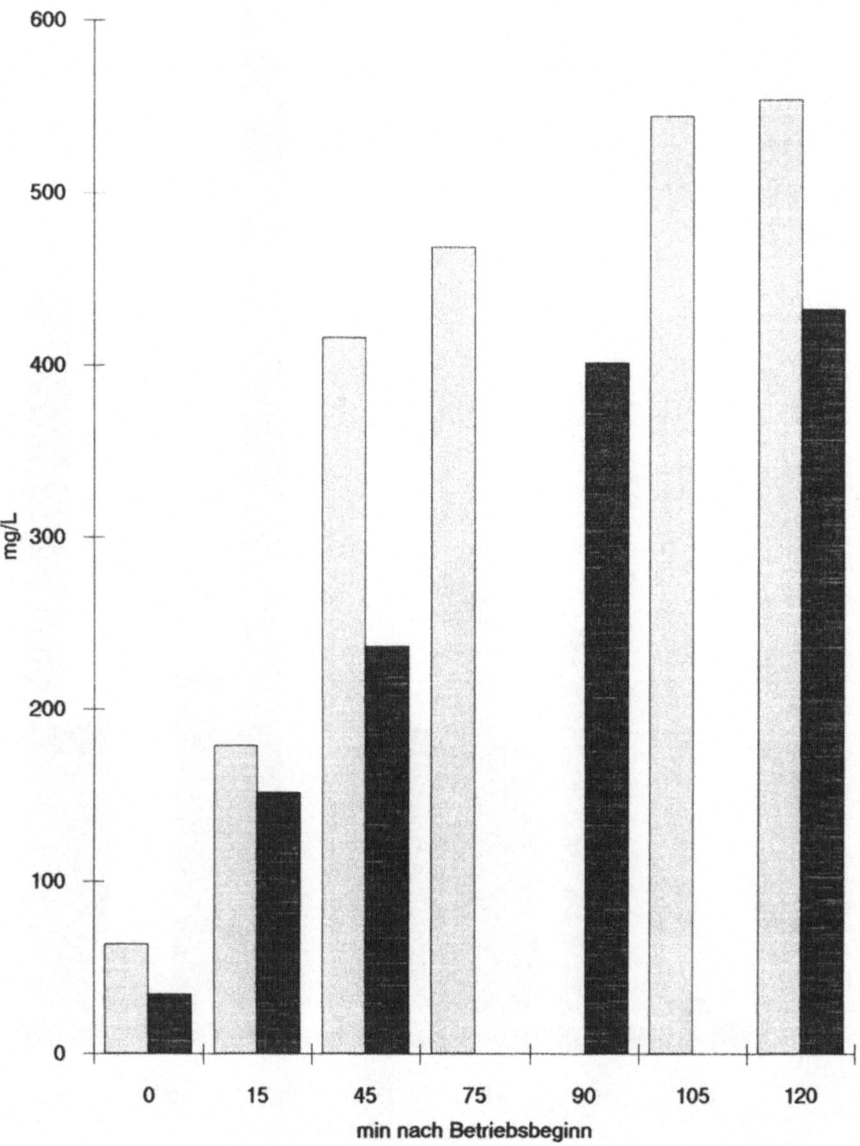

Abb. 4. H17-Konzentration während der Spülphase am Auslauf einer Taktbandanlage

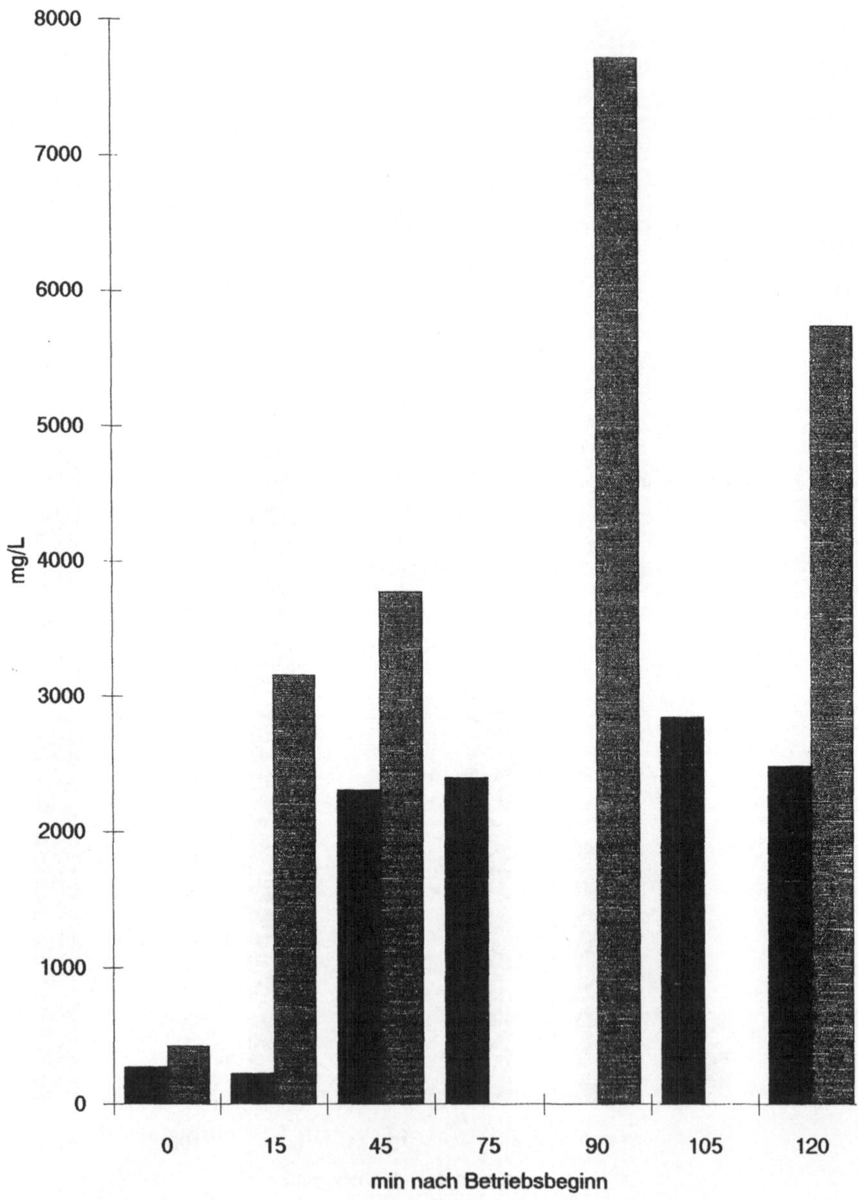

Abb. 5. CSB-Konzentration während der Spülphase am Auslauf einer Taktbandanlage

Für den Bereich der Wäschereien kann heute davon ausgegangen werden, daß handelsübliche, sauerstoffabspaltende Waschmittel den hygienischen ' Anforderungen voll entsprechen und damit der Einsatz von chlorabspaltenden Produkten nicht mehr oder nur noch in geringstem Umfang zur Fleckentfernung erforderlich wird.

Abwasserprobleme einer Wäscherei:

- freies Chlor
  AOX

- Fette/Öle
  H 17

- Lösungsmittel

- organische Belastung
  CSB
  TOC

- Tenside

Wenn man unsere analytischen Ergebnisse der letzten drei Jahre betrachtet, könnte man zu dem Schluß kommen, daß der Laborbereich mit seinen sehr vielen unterschiedlichen Chemikalien so sauber arbeitet, daß tatsächlich eine Abwasserbelastung nicht vorliegt. Dies wäre sicherlich eine vorschnelle und zu optimistische Einschätzung der Situation. In diesem Zusammenhang muß festgestellt werden, daß in Laboratorien eine Vielzahl von Substanzen benutzt werden, die natürlich in den Kanalsatzungen der Kommunen *nicht einzeln* aufgeführt sein können.

Daher ist es insbesondere für den Laborbereich extrem wichtig, die einzelnen im Einsatz befindlichen chemischen Substanzen namentlich und mengenmäßig zu erfassen, sie entsprechend der Wassergefährdungsklassen einzuteilen, um dann zu entscheiden, ob sie als Sondermüll in Hessen über die HIM oder teilweise, z. B. wie bei physiologischen Kochsalzlösungen, über das Abwasser normal entsorgt werden können.

Die zur Zeit im Entwurf vorliegende Verwaltungsvorschrift über die Einleitung flüssiger Rückstände aus Krankenhäusern und Abwasseranlagen wird sicherlich ausreichenden Diskussionsstoff für die Zukunft bedeuten.

Neben den klassischen hämatologischen, klinisch-chemischen und immunologischen Laboratorien muß darüber hinaus der Röntgenbereich mit seiner besonderen Problematik der Ver- und Entsorgung mit Fotochemikalien berücksichtigt werden. Während in kleinen Fotolaboratorien und teilweise kleinen Röntgenabteilungen eine Entsorgung von Fixierer und Entwickler über tragbare Kanister eine Möglichkeit sein kann, bedeutet dies für große Anlagen die Installation einer den Anforderungen des Wasserhaushaltsgesetzes entsprechenden Tankanlage, von Leitungssystemen, Auffangwannen, Signalsicherheitseinrichtungen etc. Die Entwicklung der nächsten Zukunft wird zeigen, inwieweit in der Röntgenfilm-

entwicklung der Verbrauch von Chemikalien durch den Einsatz einer Fixierbad-
aufbereitung gesenkt werden kann. Ob auch für Entwickler in der Aufbereitung vor
Ort ein Weg zu sehen ist, kann heute noch nicht abgeschätzt werden.

Rechtliche Vorgaben zur Bestellung eines Gefahrgut- und Gefahrstoffbeauftragten – Anforderungen und Tätigkeitsprofil im Klinikbereich

Ulrich Laub

Im Titel werden zwei ähnlich klingende Beauftragte genannt. Im rechtlichen Sinn muß aber deutlich zwischen den Regelungsbereichen des Gefahrgut- und des Gefahrstoffrechtes unterschieden werden. Diese ähnlich klingenden Bezeichnungen führen in der Praxis immer wieder zu Verwirrungen und auch zu unberechtigten Forderungen der Aufsichtsbehörden.

Gefahrgutrecht

Der Begriff Gefahrgut stammt aus dem Regelungsbereich des Transports gefährlicher Güter. Die übergreifenden deutschen Bestimmungen enthält das Gefahrgutgesetz (GefGutG). Nachgeordnet sind dann die verkehrsträgerspezifischen Rechtsverordnungen.

Im internationalen Verkehr gelten entweder zwischenstaatliche Vereinbarungen oder Beförderungsvorschriften der Europäischen Gemeinschaft.

Aufgrund der schwerwiegenden Unfälle in der Vergangenheit erließ der Bundesminister für Verkehr auf mehrheitliche Empfehlung des Gefahrgutverkehrsbeirates die Gefahrgutbeauftragtenverordnung. Die in ihr enthaltenen Schulungsverpflichtungen sollen dem Beauftragten einen hohen Kenntnisstand über die Vielzahl der bestehenden Vorschriften garantieren und damit erheblich zur Transportsicherheit beitragen.

Die Bestellung eines Gefahrgutbeauftragten ist verkehrsträgerunabhängig, aber an bestimmte Mengengrenzen gebunden. Werden mehr als 50 t gefährliche Güter im Sinne der Vorschriften in einem Kalenderjahr oder radioaktive Stoffe der Anlage A, Klasse 7, Blätter 5-13 oder nicht nur gelegentlich (mehr als 25 t/Jahr) "Listengüter", Anlage B, Randnummer 280 001, Liste 1 GGVS versendet, befördert oder zur Beförderung verpackt oder übergeben, dann muß ein Gefahrgutbeauftragter benannt werden.

<u>**Gefahrgutgesetz (GefGutG)**</u>

Gefahrgutverordnung Straße – GGVS
BGBl I S. 2022 vom 26. November 1993
zuletzt geändert durch Gesetz vom 27. Dezember 1993
BGBl I S. 2378

Gesetz zu dem Europäischen Übereinkommen vom 30. September 1957 über
die internationale Beförderung gefährlicher Güter auf der Straße (ADR)
BGBl II S. 1489 vom 18. August 1969

Gefahrgutverordnung Eisenbahn – GGVE
BGBl I S.1224 vom 10. Juni 1991

Ordnung über die internationale Eisenbahnbeförderung gefährlicher Güter
(RID)

Gefahrgutverordnung Binnenschiffahrt – GGVBinSch
BGBl I S. 1119 vom 30. Juni 1977

Gefahrgutverordnung See – GGVSee
BGBl I S. 1714 vom 24. Juli 1991

(Gefahrgutverordnung Luft)

International Air Transport Association-Dangerous Goods Regulations
(IATA-DGR)

Außerdem hat die Behörde die Möglichkeit, unabhängig von den transportierten Mengen die Bestellung eines Gefahrgutbeauftragten anzuordnen.

Zunächst stellt sich die Frage, ob Kliniken überhaupt solche Mengen erreichen. Auch Abfälle aus klinisch-chemischen Laboratorien und Körper- und Organteile unterliegen diesen Bestimmungen, so daß sorgfältig geprüft werden muß, wie groß die Gesamtnettomasse dieser Stoffe ist. Hierbei kann man sich der Erhebungen zur Sonderabfallabgabe oder der Begleitscheine für besonders überwachungsbedürftige Abfälle bedienen, um einen groben Überblick über die transportierten Mengen zu erhalten. Klinika mit eigenem Labor und eigener Pathologie erreichen diese Mengen i. allg. mühelos. Bei einer Mengenermittlung sind auch diejenigen Güter hinzuzurechnen, die innerbetrieblich mit Fahrzeugen über öffentliche Straßen transportiert werden. Auch leere Behälter (Spül- oder Waschmittel) können, wenn auch mit geringer Masse, zur Gesamtmenge ihren Beitrag liefern. Bei radioaktiven

Verordnung über die Bestellung von Gefahrgutbeauftragten und die Schulung der beauftragten Personen in Unternehmen und Betrieben Gefahrgutbeauftragtenverordnung   – (GbV) vom 12. Dezember 1989 BGBl I 1989 S. 2185

§ 1 Bestellung von Gefahrgutbeauftragten

Abs. 1   **Unternehmer oder Inhaber von Betrieben, die**
       a)   **mehr als 50 Tonnen netto gefährliche Güter im Sinne der Verordnungen jährlich**
       b)   **radioaktive Stoffe der Anlage A, Klasse 7, Blätter 5-13, sowie nicht nur gelegentlich gefährliche Güter der Anlage B, Anhang B 8, Randnummer 280 001 Liste I, der GGVS**

versenden, befördern oder zur Beförderung verpacken oder übergeben, haben einen oder mehrere Gefahrgutbeauftragte zu bestellen.

Abs. 4   **Für Bund, Länder und Gemeinden sowie sonstige juristische Personen des öffentlichen Rechts gelten die Vorschriften des Absatzes 1 und der §§ 2-5 sinngemäß.**

Stoffen reicht ein einzelner Transport der Blätter 5-13 aus, um in diesem Kalenderjahr einen Gefahrgutbeauftragten bestellen zu müssen. Weitere Kriterien für die Bestellung sind, daß das Gefahrgut versandt, befördert oder zur Beförderung verpackt oder übergeben wird. Das heißt, die Abgabe an Dritte in Verbindung mit einem Transportauftrag bedingt die Bestellung genauso wie ein selbst durchgeführter Transport.

Wird kein Gefahrgutbeauftragter bestellt, gilt der Unternehmer (Klinikumsvorstand) als Gefahrgutbeauftragter.

Der Gefahrgutbeauftragte muß nicht dem Unternehmen (der Klinik) selbst angehören, sondern kann als Externer bestellt werden. Hierzu muß er aber die notwendigen Informationen zur Verfügung gestellt bekommen. Die Erfahrung hat gezeigt, daß dann zumindest ein Ansprechpartner oder Koordinator benannt werden muß. Dieser muß dann dafür Sorge tragen, daß der Gefahrgutbeauftragte alle notwendigen Daten und Informationen zur Verfügung gestellt bekommt. Damit verbleibt ein wesentlicher Aufgabenteil bei der Klinik selbst.

Unabhängig davon, wer zum Gefahrgutbeauftragten bestellt wird, muß dieser den in § 2 genannten Anforderungen genügen.

Anforderungen an Gefahrgutbeauftragte (§ 2 GbV)

**Der Gefahrgutbeauftragte muß
zuverlässig und sachkundig sein**

**Die Sachkunde wird erreicht durch
Schulung
"Praktikerregelung" bis 1. Oktober 1991
Wiederholungsschulung nach 3 Jahren**

Die Rechte und Pflichten des Gefahrgutbeauftragten ergeben sich aus § 3 der Verordnung.

Rechte und Pflichten des Gefahrgutbeauftragten (§ 3 GbV)

Der Gefahrgutbeauftragte muß
- **die Einhaltung der Vorschriften kontrollieren,**
- **sonstige Verantwortliche überwachen (beauftragte Person nach § 5 GbV),**
- **schriftliche Aufzeichnung über die Überwachungstätigkeit führen,**
- **Schulung der beauftragten Personen durchführen oder veranlassen,**
- **Mängel dem Unternehmer anzeigen, einen Jahresbericht erstellen**

Zu seinen Aufgaben gehört die Einhaltung der Vorschriften und die Überwachung sonstiger Verantwortlicher. Diese werden in § 5 näher erläutert und im Unterschied zum Gefahrgutbeauftragten "etwas unglücklich" beauftragte Personen genannt. Über die Überwachungstätigkeit sind Aufzeichnungen zu führen. Weiterhin sind die beauftragten Personen zu schulen, und die Schulung ist zu dokumentieren. Wird der beauftragten Person ein Merkblatt zum Transport erläutert, so stellt dies bereits eine Schulung dar. Außerdem ist ein Jahresbericht anzufertigen. Dieser ist mindestens 3 Jahre aufzubewahren und der Behörde auf Verlangen vorzuzeigen.

Die Aufgaben des Gefahrgutbeauftragten sind weitgehend die Überwachung, Schulung und Dokumentation. Im Gegensatz hierzu steht die beauftragte Person, die eigenverantwortlich Tätigkeiten beim Gefahrguttransport vornimmt (vgl. auch § 9 OWiG).

Die beauftragte Person muß vom Unternehmer ernannt werden. Die Bestellung ist im Gegensatz zum Gefahrgutbeauftragten nicht an Mengengrenzen, sondern an die eigenverantwortliche Tätigkeit beim Gefahrguttransport gebunden. Außerdem ist die Bestellung einer beauftragten Person unabhängig davon, ob ein Gefahrgutbeauftragter bestellt ist oder nicht. Eine Bestellung zur beauftragten Person kann auch aus der Tätigkeitsbeschreibung, dem Arbeitsvertrag oder Geschäftsverteilungsplan hervorgehen.

Für ein Klinikum besteht daher die Notwendigkeit, überall dort beauftragte Personen zu bestellen, wo eigenverantwortlich gefährliche Güter zum Versand gelangen sollen oder können. Hierzu zählen zum Beispiel Laborabfälle, infektiöse Abfälle, Körper- und Organteile, radioaktive Stoffe, leere ungereinigte Container, Kleincontainer (IBC), die Spül- oder Waschmittel enthalten haben, leere Kannen, die Alkohole oder Desinfektionsmittel enthielten und nicht gereinigt wurden, oder irrtümliche Lieferungen, die zurückgegeben werden sollen. Im letzten Fall ist die Klinik zumindest als Verlader anzusehen. Im Gegensatz zum Gefahrgutbeauftragten trägt die beauftragte Person die Verantwortung, die ihr die Gefahrgutvorschriften in Form von Absender- oder Verladerpflichten auferlegt.

Beauftragte Personen   (§ 5 GbV)

nehmen eigenveranwortlich Aufgaben im Bereich des Gefahrguttransportes wahr oder veranlassen diese

   z. B.:
-   Verpacken
-   Verladen, Absenden
-   Transportieren

Bereiche, in denen beauftragte Personen notwendig sein können:
-   Zentrallager (Desinfektionsmittel, Reiniger)
-   Apotheke (Gase, Laborchemikalien)
-   Zentralwäscherei (Waschmittel)
-   Zentralküche (Spülmittel)
-   Techn.Abteilung (Schweißgase, Kältemedien, Transformatoren)
-   Entsorgung (krankenhausspezifische Abfälle, Laborabfälle)

Möglichkeit der praktischen Umsetzung in einem Klinikum

Da die Transportvorschriften an einer Universität bzw. einem Klinikum zum überwiegenden Teil bei der internen Verteilung von Chemikalien und der Entsorgung zum Tragen kommen, können die Leiter der entsprechenden Abteilungen zu Gefahrgutbeauftragten ernannt werden. Dementsprechend ist es sinnvoll, daß 3 Gefahrgutbeauftragte tätig sind. Der Leiter der Zentralen Entsorgungsabteilung für radioaktive Stoffe kann Gefahrgutbeauftragter für die Klasse 7 sein und der Sachbearbeiter für die Entsorgung krankenhausspezifischer Abfälle die Funktion des Gefahrgutbeauftragten für die Klasse 6.2 übernehmen.

Der dritte Gefahrgutbeauftragte kann für die übrigen Klassen zuständig sein. Aufgrund ihrer Doppelfunktion nehmen diese Beauftragten gleichzeitig in ihrem Bereich auch Aufgaben beauftragter Personen wahr, sofern nicht andere Personen beauftragt wurden.

Darüber hinaus ist die spezifische Unterweisung all der Personen notwendig, die selbständig Gefahrgüter versenden. Von besonderer Wichtigkeit ist in diesem Zusammenhang, ob das jeweilige Klinikum ein abgeschlossenes Betriebsgelände besitzt oder ob im täglichen Betrieb von den Servicefahrzeugen auch öffentliche Straßen benutzt bzw. gekreuzt werden. Ein Betriebsgelände gilt nur dann als abgeschlossen, wenn der Zutritt betriebsfremder Personen nicht uneingeschränkt möglich ist. Ansonsten sind die Vorschriften auch bei innerbetrieblichen Transporten einzuhalten. Dementsprechend sind auch die zentrale Materialversorgung und die technische Abteilung betroffen. Um die Entscheidung vorzubereiten, in welchen Bereichen beauftragte Personen ernannt werden müssen, kann zunächst durch Rundschreiben mit Fragebogen ermittelt werden, welche Bereiche, Abteilungen etc. Gefahrguttransporte vornehmen oder vornehmen lassen. Hierbei ist es notwendig, mindestens die Gefahrzettel mit abzudrucken, damit vor Ort erkannt werden kann, ob das transportierte Gut bei der Anlieferung den Gefahrgutvorschriften unterlag oder nicht.

Chemikalienrecht

Der zweite unabhängige Regelungsbereich, der im Titel angesprochen wird, ist der des Gefahrstoffrechtes.

Das Gefahrstoffrecht hat seine Vorläufer im Arbeitsstoffrecht und in den Giftverordnungen der Länder.

Im europäischen Rahmen bilden die Verordnungen zum Schutz vor gefährlichen Stoffen die Grundlage für diesen Regelungsbereich. Die Umsetzung erfolgt durch das Chemikaliengesetz und die nachgeordneten Verordnungen. Das Chemikalienrecht gilt für Beschäftigte, einschließlich Schüler und Studenten (§ 2 GefStoffV) und regelt deren Umgang mit Gefahrstoffen. Es fällt zunächst auf, daß eine eigene Verordnung zur Bestellung eines Beauftragten nicht existiert. Auch im Chemikaliengesetz selbst oder in den zugehörigen Verordnungen findet sich nirgends ein Paragraph oder Absatz, der die Benennung eines Beauftragten fordert. Es besteht also keine Pflicht, einen Gefahrstoffbeauftragten zu benennen, gleichwohl nimmt das Gefahrstoffrecht den "Arbeitgeber" in die Pflicht.

Chemikalienrecht

–   Europäische Richtlinien und Verordnungen zum Schutz der
     Beschäftigten vor gefährlichen Stoffen

–   Gesetz zum Schutz vor gefährlichen Stoffen
     (Chemikaliengesetz – ChemG) vom 14. März 1990
     (BGBl I 1990 S. 521)

–   Verordnung über Verbote und Beschränkungen des
     Inverkehrbringens gefährlicher Stoffe, Zubereitungen und
     Erzeugnisse nach dem Chemikaliengesetz (Chemikalien-
     Verbotsverordnung – ChemVerbotsV) vom 14. Oktober 1993
     (BGBl I 1993 S. 1720)

     Verordnung zum Schutz vor gefährlichen Stoffen
     (Gefahrstoffverordnung - GefStoffV) vom 26. Oktober 1993
     (BGBl I 1993 S. 1782)

Es stellt sich die Frage "Wer ist Arbeitgeber?" in einer Klinik. Zunächst ist das der oberste Dienstherr oder Träger der Klinik. Vor Ort wird die Arbeitgeberverantwortung durch den Klinikumsvorstand, Ärztlichen Direktor und/oder den Verwaltungsdirektor wahrgenommen. Einzelne Bundesländer haben weitergehende Regelungen erlassen. So überträgt das Land Baden-Württemberg die Pflichten der Gefahrstoffverordnung denjenigen, die eigenverantwortlich selbständig tätig sind, wie z. B. Hochschullehrern und Abteilungsleitern. In Hessen trägt zunächst einmal der Präsident bzw. der Kanzler der Hochschule die Verantwortung mit der Maßgabe, daß er diese auf Professoren übertragen kann. Dessen ungeachtet verbleibt die Organisationsverantwortung und die Kontrollverpflichtung bei der Dienststellenleitung. Es ergibt sich also, daß derjenige, der Arbeitsaufträge vergibt und über entsprechende Mittel verfügt, die Arbeitgeberverantwortung im Sinne des Gefahrstoffrechts trägt.

Hieraus darf aber nicht geschlossen werden, daß ein Vorgesetzter Arbeitsaufträge vergeben darf, obwohl die baulichen oder technischen Voraussetzungen, auf die er keinen Einfluß hat, fehlen oder nicht den Anforderungen genügen. In einem solchen Fall darf mit den Arbeiten nicht begonnen werden.

Mögliche Umsetzung an einem Universitätsklinikum

Es kann ein Gefahrstoffbevollmächtigter bestellt werden, der die Umsetzung im Klinikum überwacht. Hierzu sollte die Verordnung gedruckt und allen Professoren und Abteilungsleitern zugänglich gemacht werden. Weiterhin kann die Verantwortung schriftlich auf diese Personen übertragen werden. Die Übertragung bedarf der schriftlichen Bestätigung dessen, auf den übertragen wurde, und enthält eine jährliche Berichtspflicht, die mit einem Formblatt erfüllt werden kann. Eine weitere Übertragung auf Personen, die keine Weisungsbefugnis haben, ist nicht statthaft. Es können daher von Verantwortlichen nur noch einzelne Aufgaben, nicht aber die Verantwortung nach Chemikalienrecht weitergegeben werden.

Den Verantwortlichen können Aufgaben, die zentral zu erledigen sind, wie die Erstellung allgemeiner Betriebsanweisungen oder Gruppenbetriebsanweisungen, abgenommen werden. Ermittlungs- und Schutzpflichten verbleiben vor Ort. Jeder einzelne ist im Rahmen seiner dienstlichen Stellung für seine Handlungen verantwortlich. Inwieweit schriftliche Übertragungen oder Erlasse in einem Klinikum notwendig sind, damit auch derjenige die Verantwortung trägt, der die Arbeitsaufträge erteilt, bedarf einer juristischen Klärung.

Bei den obigen Ausführungen wurde davon ausgegangen, daß keine Gefahrstoffe in den Verkehr gebracht werden, da in diesem Fall eine Person mit Sachkenntnis (§ 5 ChemVerbotsV) beschäftigt sein muß.

Zusammenfassung

Vergleichend läßt sich sagen, daß aus beiden Regelungsbereichen Verantwortungen erwachsen, die erfüllt werden müssen.

Unterschiede zwischen Gefahrgut- und Gefahrstoffrecht	
Gefahrgutrecht	**Gefahrstoffrecht**
Gefahrgutbeauftragter (Gb) kontrolliert	"Arbeitgeber" ist verantwortlich
beauftragte Person ist verantwortlich	
gilt für jeden, der Gefahrgut transportiert	gilt nur bei der Beschäftigung von Arbeitnehmern

Im Gefahrgutbereich sind die Regelungen detailliert und fordern einen Beauftragten, der sich alle 3 Jahre einer Schulung unterziehen muß, während im Gefahrstoffbereich die Verantwortung dem "Arbeitgeber" obliegt. Eine Schulungspflicht läßt sich höchstens aus der Technischen Regel für Gefahrstoffe (TRGS) 451 – Hochschulen – ableiten. Dort wird unter Nr. 4 Abs. 7 gefordert, daß der Übertragende sich versichern muß, daß derjenige auf den übertragen wird, sachkundig ist.

Trotz ihrer Verschiedenartigkeit ergänzen und überschneiden sich beide Regelungsbereiche, z. B. in Lagern und Packräumen.

Bei dieser Darstellung blieben weitere Verantwortlichkeiten, die sich aus anderen Regelwerken ergeben, unberücksichtigt.

Literatur

Bundesgesetzblatt Teil I: Jahrgang und Seite sind den entsprechenden Abbildungen zu entnehmen
Ridder, K.: Der Gefahrgutbeauftragte. Vorschriften, Erläuterungen, Praxis. Stand Juni 1993, ecomed Landsberg/Lech

Der Strahlenschutzbeauftragte im Krankenhaus – Gesetzliche Grundlage, Tätigkeitsbereiche

Bernd Richter

Der *Strahlenschutzbeauftragte* hat die Aufgabe, im Auftrag des *Strahlenschutz-verantwortlichen* einen ausreichenden Strahlenschutz – das heißt, einen ausreichenden Schutz vor Schäden durch ionisierende Strahlen – sicherzustellen.

Strahlenschutzvorschriften gelten in folgenden Bereichen des Krankenhauses:

- Röntgenabteilung,
- Nuklearmedizin,
- Strahlentherapie,
- Klinische Chemie (Laboratoriumsdiagnostik mit radioaktiven Substanzen),
- Forschung (unter Anwendung radioaktiver Stoffe).

Hinsichtlich der in den genannten Bereichen angewandten ionisierenden Strahlung ist zu unterscheiden zwischen der *Röntgenstrahlung* einerseits und der von *radioaktiven Stoffen* oder *Beschleunigern* ausgehenden Strahlung andererseits. Dies schlägt sich auch in den gesetzlichen Vorschriften nieder, die jetzt etwas näher betrachtet werden sollen.

Grundlagen unserer nationalen Gesetze und Verordnungen sind internationale Regelungen. Hier sind zu nennen die *Empfehlungen der ICRP* (International Commission on Radiological Protection) und die *EURATOM-Grundnormen*. Letztere legen für die europäischen Vertragsstaaten Mindestanforderungen für den Strahlenschutz fest, die in der jeweiligen nationalen Gesetzgebung beachtet werden müssen. Das heißt, die nationalen Vorschriften dürfen nicht "großzügiger", sehr wohl aber strenger sein.

Im folgenden gebe ich einen Überblick über die deutschen Strahlenschutz-vorschriften. Das *Atomgesetz* (Gesetz über die friedliche Verwendung der Kern-energie und den Schutz gegen ihre Gefahren – AtG) ist die gesetzliche Grundlage der *Strahlenschutzverordnung* (Verordnung über den Schutz vor Schäden durch ionisierende Strahlen – StrlSchV) und der *Röntgenverordnung* (Verordnung über den Schutz vor Schäden durch Röntgenstrahlen – RöV). Die Strahlenschutz-verordnung regelt den Umgang mit radioaktiven Stoffen, die nicht Kernbrennstoffe sind, und den Betrieb von Beschleunigern, während die Röntgenverordnung Vorschriften über den Betrieb von Röntgengeräten enthält. Darüber hinaus gibt es noch Verwaltungsvorschriften und Richtlinien, die für Behörden verbindlich sind,

aber nicht unmittelbar – im Gegensatz zu Gesetzen und Verordnungen – für den
Betreiber von z. B. Röntgenanlagen oder Bestrahlungseinrichtungen gelten. Sie
sind aber in Verbindung mit Genehmigungsvoraussetzungen und Auflagen in
Genehmigungen oder als Stand der Technik letztlich doch verbindlich. Beispielhaft
seien genannt:

- die Richtlinie für den Strahlenschutz bei Verwendung radioaktiver Stoffe und
  beim Betrieb von Anlagen zur Erzeugung ionisierender Strahlen und
  Bestrahlungseinrichtungen mit radioaktiven Quellen in der Medizin
  (Richtlinie Strahlenschutz in der Medizin),
- die Richtlinie über die Fachkunde im Strahlenschutz,
- die Richtlinien zum Brandschutz in Anlagen mit radioaktiven Stoffen,
- die Richtlinie für die physikalische Strahlenschutzkontrolle zur Ermittlung
  der Körperdosen,
- die Richtlinie Fachkunde und Kenntnisse im Strahlenschutz für den Betrieb
  von Röntgeneinrichtungen in der Medizin und Zahnmedizin und bei der
  Anwendung von Röntgenstrahlen auf Tiere – Fachkunde nach Röntgen-
  verordnung/Medizin,
- die Richtlinie zur Durchführung von Prüfungen zur Qualitätssicherung in der
  Röntgendiagnostik nach § 16 der Röntgenverordnung.

Nun zur Frage, wer für die Einhaltung der Strahlenschutzvorschriften zu sorgen
hat. *Strahlenschutzverantwortlicher* ist immer der Betreiber von Anlagen, hier also
der Krankenhausträger bzw. dessen gesetzlicher Vertreter (Kreisausschuß, Landrat,
Gesundheitsdezernent, bei einem Universitätsklinikum der Universitätspräsident).

Der Strahlenschutzverantwortliche bestellt *Strahlenschutzbeauftragte* und überträgt ihnen gesetzlich begründete Pflichten im Bereich des Strahlenschutzes.
Voraussetzung für die Bestellung ist der Nachweis der für den Strahlenschutz
erforderlichen Fachkunde. Der Strahlenschutzbeauftragte ist in dieser Funktion
weisungsbefugt und der Betriebsleitung unmittelbar unterstellt. Der Strahlenschutzverantwortliche bleibt neben den bestellten Strahlenschutzbeauftragten für die
Einhaltung der Vorschriften verantwortlich.

Im folgenden werden einige Aufgaben des Strahlenschutzbeauftragten genannt:

- Mitwirkung bei der Erstellung von Genehmigungsanträgen und bei Anzeigen
  an Behörden,
- Zutrittsregelungen für Kontrollbereiche,
- Personendosimetrie,
- Veranlassung der strahlenschutzärztlichen Untersuchungen,
- Strahlenschutzbelehrung des Personals,
- Qualitätssicherung in Röntgendiagnostik, Strahlentherapie und
  Nuklearmedizin,
- Einhaltung von Auflagen in Genehmigungen,
- Buchführung über Erwerb, Abgabe und Bestand an radioaktiven Stoffen,

– Überwachung des Umgangs mit radioaktiven Stoffen (Erwerb, Abgabe,
  Ableitung mit der Luft oder dem Abwasser, Abgabe radioaktiver Abfälle),
– Überwachung des Betriebs von Anlagen zur Erzeugung ionisierender Strahlen
  und von Röntgengeräten,
– Veranlassung von Strahlenschutzprüfungen durch Sachverständige an
  bestimmten Anlagen (Beschleuniger, Bestrahlungseinrichtungen mit
  radioaktiven Quellen, Röntgengeräte)
– Kontaminationsmessungen und Ortsdosimetrie.

Soweit es um die Anwendung ionisierender Strahlen oder radioaktiver Stoffe am
Menschen geht, muß eine Person Strahlenschutzbeauftragter sein, die zur Aus-
übung der Heilkunde am Menschen berechtigt ist und die über die für das entsprechende Anwendungsgebiet erforderliche Fachkunde im Strahlenschutz verfügt.
Weitere Strahlenschutzbeauftragte können für den physikalisch-technischen Bereich
bestellt werden. Für einige Gebiete wird dies sogar in der Strahlenschutzverordnung verlangt (Beschleuniger) oder kann von der Genehmigungsbehörde gefordert
werden (Bestrahlungseinrichtungen mit radioaktiven Quellen). Bei der Anwendung
radioaktiver Stoffe oder ionisierender Strahlen am Menschen kann die persönliche
Anwesenheit des Strahlenschutzbeauftragten erforderlich sein. Wo dies nicht der
Fall ist, wird verlangt, daß er jederzeit auf Abruf verfügbar ist und innerhalb von
15 min vor Ort eintreffen kann. Bei fehlender Vertretung des Strahlenschutzbeauftragten (Urlaub, Krankheit) sind die nach Strahlenschutzverordnung geneh-
migungspflichtigen Untersuchungen und Behandlungen einzustellen.

Einen zusammenfassenden Überblick über die Organisation des Strahlenschutzes
und die Tätigkeitsbereiche der Strahlenschutzbeauftragten gibt die Abbildung.

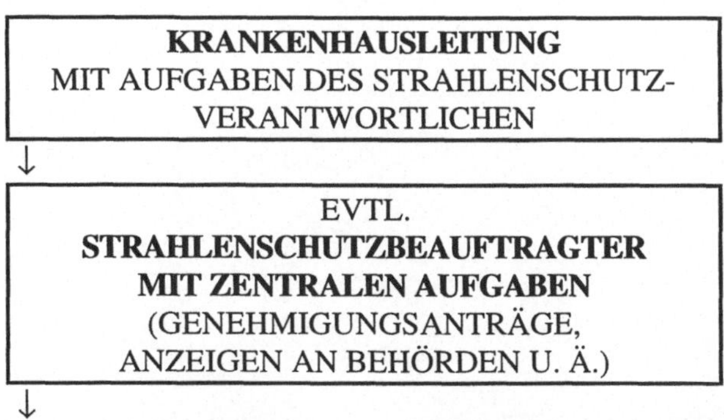

Möglichkeit der Umsetzung von Arbeitssicherheit und Umweltschutz in kleinen Krankenhäusern

Markus Herrel

Umwelteinflüsse sind zunehmend Ursache einer nicht geringen Anzahl von Krankheiten, die in Krankenhäusern behandelt werden. Immer mehr wird seitens der Krankenhausträger die Notwendigkeit erkannt, nicht nur die Gesundung der Patienten herbeizuführen, sondern ebenso ihren Beitrag zu leisten, die Patienten in eine gesunde Umwelt entlassen zu können. So auch der rund 380 000 Einwohner zählende Ortenaukreis, welcher 8 Krankenhäuser der Grund-, Regel- und Zentralversorgung betreibt. Die 8 Krankenhäuser sind gleichmäßig über den ganzen Kreis verteilt, verfügen über insgesamt ca. 1730 Betten und beschäftigen zur Zeit ca. 3700 Mitarbeiter.

Im Jahr 1991 wurde im Ortenaukreis die Stelle eines Krankenhausökologen ausgeschrieben. Dieser sollte sich künftig mit dem Umweltschutz im allgemeinen, der Abfallvermeidung, -verwertung und -entsorgung, dem Abwasser sowie der Hygiene in den 8 Kreiskrankenhäusern des Ortenaukreises befassen. Dem Krankenhausökologen sollte zudem die Leitung der Abteilung Arbeitssicherheit übertragen werden.

Es wurde schließlich ein Ingenieur des Studienganges Umweltsicherung eingestellt, der die notwendige Fachkunde für Arbeitssicherheit noch erwerben mußte. Ein "Krankenhausökologe" war nicht zu finden, da es keinen anerkannten Ausbildungsberuf mit dieser Bezeichnung gibt. Dennoch erhielt der eingestellte Mitarbeiter die Bezeichnung Krankenhausökologe, da diese unweigerlich auf das Tätigkeitsgebiet und seinen Umfang schließen läßt, nämlich Umweltschutz in Krankenhäusern im weitesten Sinne.

Die Umsetzung des Umweltschutzes im heutigen Krankenhausalltag läßt sich im wesentlichen auf Abfallvermeidung, -verwertung und -entsorgung konkretisieren. Somit wurde der Krankenhausökologe zum Abfallbeauftragten aller Kreiskrankenhäuser neben den jeweiligen Verwaltungsleitern bestellt. Kurze Zeit später erfolgte dann die Bestellung zur Fachkraft für Arbeitssicherheit. Somit waren nunmehr nicht nur die Aufgaben und die Stellung des Krankenhausökologen festgelegt, sondern gleichzeitig auch ein rechtlicher Hintergrund für seine Tätigkeit geschaffen.

Organisatorische und arbeitsrechtliche Stellung

Die Funktion des Abfallbeauftragten sowie die der Fachkraft für Arbeitssicherheit sind als Stabsstellen ausgelegt, welche haupt- oder nebenamtlich ausgeführt werden können. Die Bestellung zu einer dieser Funktionen muß schriftlich erfolgen, wobei zur Bestellung der Fachkraft für Arbeitssicherheit die Zustimmung des Personalrates einzuholen ist.

Die Anzahl der zu bestellenden Abfallbeauftragten richtet sich nach der Größe und der räumlichen Verteilung des Betriebes. Für jeden einzelnen Betrieb sollte jeweils ein Abfallbeauftragter bestellt werden.

Die Anzahl der zu bestellenden Fachkräfte für Arbeitssicherheit richtet sich nach der erforderlichen Einsatzzeit und der Anzahl der Mitarbeiter (in medizinischen Betrieben: 1,5 h/Mitarbeiter/Jahr).

Beide Funktionen können auch von externen Unternehmen ausgeführt werden.

Qualifikation

Für die Eignung als Sicherheitsfachkraft wird eine Berufsausbildung zum Ingenieur, Techniker oder Meister mit mindestens 2jähriger praktischer Berufserfahrung und besonderer staatlicher oder berufsgenossenschaftlicher Zusatzausbildung gefordert.

Für die Eignung als Abfallbeauftragter ist von gesetzlicher Seite keine besondere Ausbildung vorgeschrieben, die entsprechende Sachkunde und die notwendige Zuverlässigkeit der Person wird vorausgesetzt. Die Abgabe von Stellungnahmen zu Investitionsvorhaben, Abschätzung der Umweltgefährdung von Produktionsabläufen und Entsorgung etc. verlangt ein umfassendes, breites Allgemeinwissen sowie eine wissenschaftlich, aber auch juristisch fundierte Hochschulausbildung, die über eine reine technische Qualifikation hinausgeht.

Verantwortung

Die Sicherheitsfachkraft trägt keine Verantwortung für die Durchführung des Arbeitsschutzes, sie trägt lediglich die Verantwortung für die Erfüllung ihrer Aufgaben und die fachlich richtige Beratung. Aus diesem Sachverhalt ergibt sich, daß die Sicherheitsfachkraft keine Weisungsbefugnis gegenüber anderen Mitarbeitern hat (Ausnahme: gegenüber anderen, ihr unterstellten Sicherheitsfachkräften).

Dem Abfallbeauftragten fällt für die Wahrnehmung der gesetzlich verankerten Überwachungs- und Initiativfunktion (z. B. Verhandeln mit außenstehenden Stellen) ein hohes Maß an Verantwortung zu. Für die Überwachungsfunktion weist ihm das Gesetz die alleinige Verantwortung zu. Je nach Ausmaß der übertragenen Aufgaben besitzt der Abfallbeauftragte Weisungsbefugnis gegenüber anderen Mitarbeitern.

Hierarchische Stellung

Der Krankenhausökologe ist mit seinen Funktionen direkt dem Landrat bzw. dem Krankenhausdezernenten unterstellt:

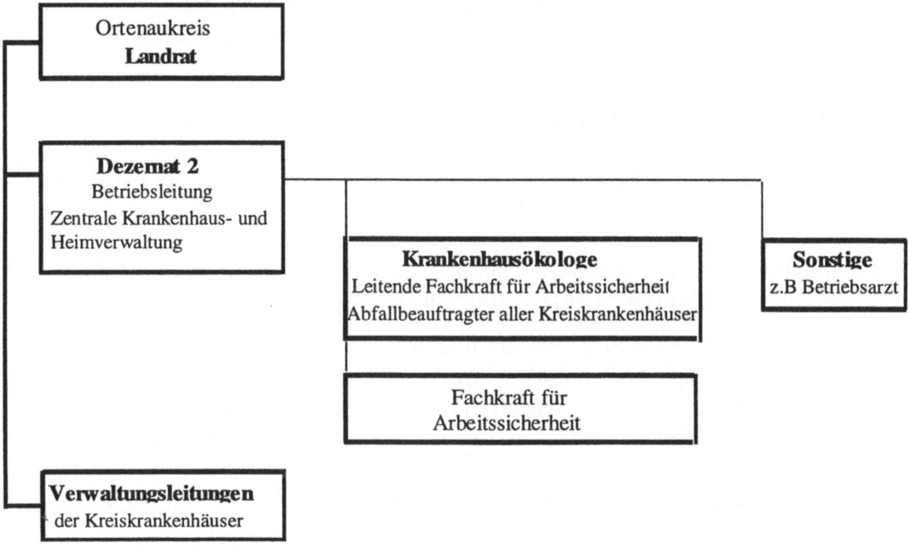

Abb. 1. Hierarchische Stellung des Krankenhausökologen

Die Stelle ist als Stabsfunktion eingerichtet und verlangt somit im wesentlichen ein selbständiges und eigenverantwortliches Arbeiten.

Finanzierung und Kosten

Der am Kreiskrankenhaus Offenburg ansässige Ökologe ist ausschließlich für die 8 Kreiskrankenhäuser des Ortenaukreises tätig. Die anfallenden Lohn- und Sachkosten dieser Stelle werden von allen Häusern gemeinschaftlich getragen. Am Ende eines Wirtschaftsjahres werden die vom Kreiskrankenhaus Offenburg vorfinanzierten Gesamtkosten ermittelt und nach anteiliger Bettenzahl auf die einzelnen Häuser umgelegt. Der zu übernehmende Betrag richtet sich nach dem prozentualen Anteil an der Gesamtbettenzahl aller 8 Krankenhäuser. So trägt im Ortenaukreis das kleinste Haus mit 40 Betten rund 2,3%, das größte Haus mit 492 Betten rund 28,5% der entstandenen Kosten.

An dieser Stelle sei darauf hingewiesen, daß der Krankenhausökologe nicht nur ausschließlich Kosten verursacht, sondern auch durchaus in der Lage ist, diese in nicht unbedeutender Höhe einzusparen. Wie heute allgemein bekannt ist, fallen im Bereich des hausmüllähnlichen Gewerbemülls für Restmüllentsorgung die höchsten Kosten an (zur Zeit im Ortenaukreis: 54.- DM/m^3). Die Verwertungskosten für Papier, Karton, Glas, Kunststoff und Metall liegen im Durchschnitt bei einem Drittel der Restmüllentsorgungskosten.

Je mehr also dazu beigetragen wird, die Wertstofftrennung durch entsprechende Aufklärung der Mitarbeiter, Verbesserung der Entsorgungslogistik etc. zu optimieren, desto mehr kann an den Gesamtentsorgungskosten eingespart werden.

Aufgaben des Krankenhausökologen

Die Aufgaben des Krankenhausökologen lassen sich in seiner Funktion als Sicherheitsfachkraft direkt aus § 6 ASiG ableiten:

Unterstützung des Arbeitgebers in allen Fragen der Arbeitssicherheit einschließlich der menschengerechten Arbeitsgestaltung, insbesondere durch

- Beratung bei der Planung, Ausführung und Unterhaltung von Einrichtungen, der Beschaffung von technischen Arbeitsmitteln, der Einführung von Arbeitsverfahren und Arbeitsstoffen, der Auswahl und Erprobung von Körperschutzmitteln, der Gestaltung von Arbeitsplätzen, Arbeitsabläufen und Arbeitsumgebung;
- sicherheitstechnische Überprüfung von Einrichtungen und Arbeitsverfahren;
- Beobachtung der Durchführung des Arbeitsschutzes durch Feststellung von Mängeln, Vorschläge zur Verbesserung der Arbeitssicherheit, Untersuchung und Auswertung von Unfallursachen;
- Information aller im Betrieb Beschäftigten über die Unfall- und Gesundheitsgefahren sowie Maßnahmen zu ihrer Abwendung.

Für die Funktion des Krankenhausökologen als Abfallbeauftragter lassen sich gemäß § 11b AbfG folgende Aufgaben ableiten:

- Überwachung der Abfälle von ihrer Entstehung bis zu ihrer Entsorgung;
- Überwachen der Einhaltung der für die Entsorgung von Abfällen geltenden Gesetze und Verordnungen, sowie Feststellung und Beseitigung von Mängeln;
- Aufklärung der Betriebsangehörigen über schädliche Umwelteinwirkungen, die von Abfällen ausgehen können;
- Entwicklung und Einführung umweltfreundlicher Verfahren zur Reduzierung der Abfälle;
- Ordnungsgemäße und schadlose Verwertung der im Betrieb entstehenden Reststoffe oder, falls dies nicht möglich ist, deren ordnungsgemäße Entsorgung;
- Erstellung eines jährlichen Berichtes.

An dieser Stelle sei bemerkt, daß sich diese Aufgaben des Abfallbeauftragten ursprünglich nur auf die überwachungsbedürftigen Abfälle beziehen. Im Alltag eines Krankenhausökologen werden diese Aufgaben jedoch auch auf die hausmüllähnlichen Gewerbeabfälle übertragen.

Mengenmäßig stellen die hausmüllähnlichen Gewerbeabfälle den größten Teil des Abfallaufkommens in einem Krankenhaus dar. Deshalb muß hier versucht werden, das Aufkommen zu reduzieren, mindestens jedoch einen möglichst großen Anteil der Wiederverwertung zuzuführen.

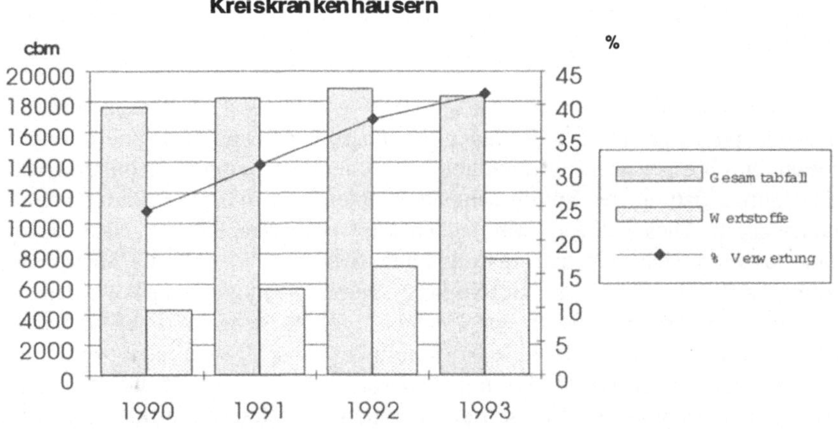

Abb. 2. Abfallaufkommen und Verwertung in den Ortenauer Kreiskrankenhäusern

Zielkonflikte

Betrachtet man die Aufgaben der Sicherheitsfachkraft und die des Krankenhausökologen, stellt sich die Frage, ob es sinnvoll ist, die Kombination beider Aufgabenbereiche auf eine einzelne Person zu übertragen. Auf den ersten Blick scheinen die verschiedenen Aufgabenbereiche im Gegensatz zueinander zu stehen. Dies muß aber nicht der Fall sein, wie folgendes Beispiel zeigt:

Bei einer sicherheitstechnischen Begehung der Krankenhausküche stellt die Sicherheitsfachkraft fest, daß die verschmutzten Besteckteile vor dem Maschinenwaschgang in einem Becken eingeweicht werden. Um den schmutzlösenden Effekt zu verstärken, wird in relativ großen Mengen ein chloridhaltiger Tauchreiniger verwendet, der mit dem Gefahrstoffsymbol "ätzend" ausgewiesen ist. Die Gefahrstoffverordnung fordert nun von der Sicherheitsfachkraft die Suche nach ungefährlicheren Ersatzstoffen, um den Umgang der Mitarbeiter mit Gefahrstoffen zu vermeiden. Da schon einige Zeit zuvor aufgrund der Salmonelleninfektionsgefahr auf weichgekochte Frühstückseier verzichtet wurde, konnte in diesem Fall auf den Tauchreiniger verzichtet werden, da die hartnäckige Verschmutzung der Besteckteile durch eingetrocknetes Eigelb entfiel. Um die Oberflächenspannung des Wassers herabzusetzen, wurden ersatzweise geringe Mengen einer Schmierseife eingesetzt.

Dieses Beispiel zeigt, daß die Sicherheitsfachkraft nicht nur dem Arbeitsschutzgedanken Rechnung tragen, sondern gleichzeitig bewußt dem Umweltschutz gerecht werden kann. Ebenso trägt die Forderung der Gefahrstoffverordnung den Umweltschutzgedanken in sich.

Andererseits muß die Aufgabenkombination von Arbeitssicherheit und Umweltschutz in einer Person nicht immer Zielkonformität aufweisen, wie ein anderes Beispiel zeigt:

In der Zentralsterilisation eines Krankenhauses wurde aus Umweltschutzgründen auf den phosphorsäurehaltigen Reiniger der Instrumentenspülmaschine verzichtet und dieser durch einen umweltfreundlichen zitronensäurehaltigen Reiniger ersetzt. Die Reinigungsleistung der Spülmaschinen konnte durch die Umstellung aufrecht erhalten werden. Dieser Erfolg war jedoch nur von kurzer Dauer: Nach einigen Wochen lagerten sich auf den Instrumenten Silikate ab, und die Instrumente verfärbten sich dunkel. Zur Beseitigung dieser Ablagerungen wurden die Instrumente von Zeit zu Zeit in ein Tauchbad gelegt, dem ein flußsäurehaltiger Reiniger zugesetzt wurde. Durch die Notwendigkeit dieses Tauchbades wurde nicht nur der ökologische Effekt des Reinigerwechsels in Frage gestellt, vielmehr ergab sich durch den Umgang mit Flußsäure eine erhebliche Gefährdung des Personals. Flußsäure zählt als eine der aggressivsten Säuren überhaupt. Aus Sicherheitsgründen wurde deshalb wieder auf den ursprünglich verwendeten phosphorsäurehaltigen Reiniger umgestellt.

Es zeigt sich zwar an diesem Beispiel, daß Arbeitssicherheit und Ökologie nicht immer das gleiche Ziel verfolgen, trotzdem wird aber deutlich, daß beide Bereiche eng beeinanderliegen.

In kaum einer anderen Branche ist die Gefährdung, die von einer unsachgemäßen Abfallentsorgung ausgehen kann, so hoch wie im Gesundheitswesen. Insbesondere sind es zwei Faktoren, die diese Gefährdung hervorrufen können:

- eine hohe Kontamination der Abfälle mit Krankheitserregern und
- ein hoher Anteil an spitzen und scharfen Gegenständen im Abfall
  (z. B. Skalpelle, Kanülen).

Diesen Gegebenheiten muß der Abfallbeauftragte Rechnung tragen und somit auch die einschlägigen Unfallverhütungsvorschriften kennen. Schließlich ist eine der häufigsten Unfallursachen in einem Krankenhaus das "sich schneiden/stechen an scharfen/spitzen Gegenständen". Bei einem großen Teil der dabei beteiligten Gegenstände handelt es sich um Abfälle.

Im Ganzen betrachtet ergänzen sich die Sachgebiete Arbeitssicherheit und Ökologie. Etwaige Zielkonflikte, die sich von Fall zu Fall ergeben können, sind notwendig und dienen letztendlich der Sicherheit der Mitarbeiter des eigenen Hauses sowie den Mitarbeitern der abfallentsorgenden bzw. -verwertenden Betriebe. Im Zweifelsfall muß zwischen beiden Komponenten ein zufriedenstellender Kompromiß gefunden werden.

Umweltschutz im Universitätsklinikum Steglitz, Berlin

Angela Prangen

1   Vorstellung des Universitätsklinikums Steglitz

Das Universitätsklinikum Steglitz (UKS) feiert gegenwärtig sein 25jähriges Bestehen. Bauherr war die Benjamin-Franklin-Stiftung. Die Bauzeit betrug etwa 10 Jahre.

Gemeinsam mit der Charité (zur Berliner Humboldt-Universität gehörend) und dem Universitätsklinikum Rudolf Virchow (wie das UKS an der Freien Universität Berlin angegliedert) gehört das UKS zu den drei Universitätskliniken Berlins.

Das UKS hebt sich von den übrigen Universitätskliniken ab durch seine Kompaktbauweise. Erstmals wurden Pflege und Behandlung der Patienten unter einem Dach vereint mit Forschung, Lehre, Technik, Zentralen Diensten und Verwaltung. Diese Bauart bietet Vorteile (kürzere, geschützte Wege), aber auch Nachteile. So sind alle Flächen maximal und rationell genutzt. Platz für Neuheiten sind kaum vorhanden.

Das UKS besitzt zur Zeit noch 1354 Betten. Eine wesentliche Reduzierung aufgrund dringend notwendiger Sparmaßnahmen des Landes Berlin ist zu erwarten.

Erwähnenswert sind ferner die 128 Forschungslabors. Das UKS besitzt eine eigene Druckerei, Foto- und Grafikabteilung, mechanische Werkstätten, Wäscherei und chemische Reinigung.

Das Heizhaus und das seit September 1993 in Betrieb genommene Blockheizkraftwerk sind seit kurzem an einen nicht zum Universitätsklinikum gehörenden Betreiber übergeben worden.

Auch ein Hubschrauberlandeplatz, genutzt vom ADAC, befindet sich auf dem Klinikgelände.

2   Vorgeschichte der Umweltschutzarbeit im UKS

Umweltschutzarbeit wird in unserem Universitätsklinikum nicht erst geleistet, seit es einen Beauftragten gibt. Die Wurzeln reichen weit zurück. Besonders Anfang der 80er Jahre wurden auf dem Sektor "Abfallwirtschaft" wesentliche Grundlagen geschaffen. Schwerpunkt war die Sonderabfallsammlung und -entsorgung, später die Wertstoffsammlung. 1991 erschien unsere Abfallfibel, die noch immer ein wichtiges Arbeitsmittel im Universitätsklinikum ist, die aber auch über das UKS hinaus Anerkennung fand. Ihre Aktualisierung steht bevor. Im Grunde handelte es sich aber mehr oder weniger um Einzelaktionen, die neben der eigentlichen Arbeitsaufgabe durchgeführt wurden.

Konzeptionelle Arbeit war unter diesen Bedingungen nicht möglich. Außerdem blieb die Umweltschutzarbeit auf den Abfallbereich begrenzt. Das war auf Dauer nicht zu verantworten, betrachtet man einerseits den Umfang der Umweltschutzaufgaben (Abb. 1), andererseits die in einem Krankenhaus möglichen umweltrelevanten Anlagen und die Vielzahl der hierfür zutreffenden Umweltbestimmungen.

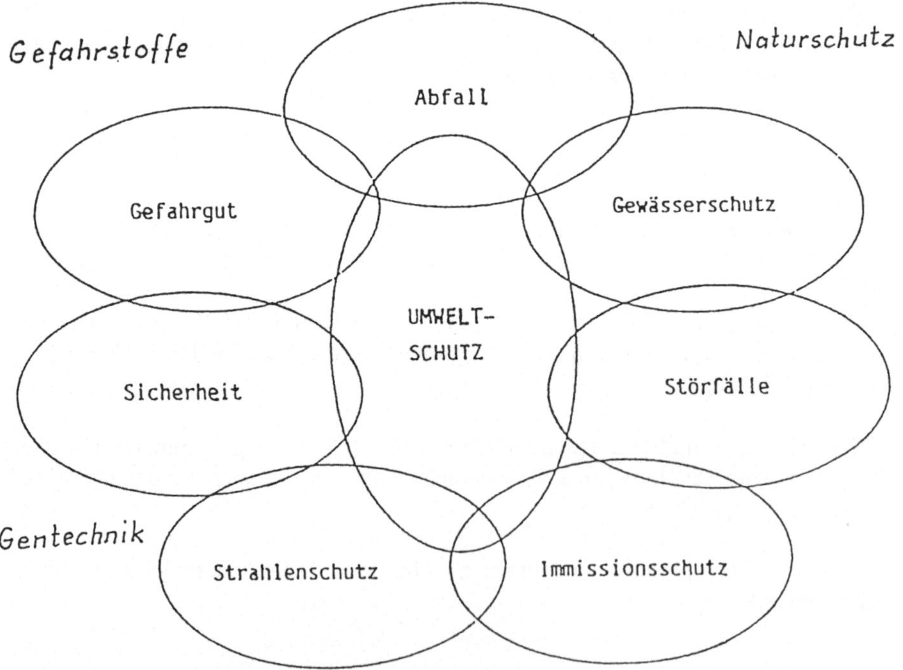

Abb. 1. Aufgabenbereiche des Umweltschutzbeauftragten

3   Ausschreibung der Stelle des Umweltschutzbeauftragten

Aufgrund obiger Feststellung wurde, trotz der Bedenken einiger Dienststellen, für das UKS die Stelle eines hauptamtlich tätigen Umweltschutzbeauftragten ausgeschrieben, zunächst befristet für ein Jahr.

Diese Tätigkeit sollte in einer Person die Arbeit als Betriebsbeauftragter für

- Abfall,
- Immissionsschutz und
- Gewässerschutz

umfassen.

Am 1. August 1992 nahm ich als erste Umweltschutzbeauftragte des Universitätsklinikums Steglitz meine Arbeit auf.

Nach einem Jahr wurde vom Klinikumsvorstand geprüft, ob die Stelle des Umweltschutzbeauftragten sinnvoll und gerechtfertigt ist. Außerdem mußte ich Rechenschaft über meine in dem vergangenen Jahr geleistete Arbeit ablegen. Das Ergebnis war für mich positiv. Die Stelle des Umweltschutzbeauftragten und meine Anstellung im Universitätsklinikum wurden mit Wirkung vom 01.08.1993 unbefristet bestätigt.

4   Umweltschutzaufgaben im UKS

Die umweltrelevanten Anlagen in unserem Universitätsklinikum sind zahlreich und vielgestaltig.

Erfassung der umweltrelevanten Anlagen und Betriebseinheiten im UKS:

- Malerei/Lackiererei,
- Sterilisationsabteilung/MZD,
- Apotheke,
- Küche,
- Wäscherei,
- Bettenzentrale (Desinfektion und chemische Reinigung),
- Stromversorgung,
- Neutralisation/Abwasserbehandlung (Labors),
- Garage/Fuhrpark,
- Chemielager/Bunker,
- Apothekenbunker,

- Abklinganlage,
- Altölsammelstelle,
- Heizöl-Tankanlage,
- Kälte/Klimaanlage,
- Fotolabors/Sammeltanks,
- Blockheizkraftwerk und Heizhaus,
- Flaschenbunker für Gase und zentrale Gasversorgung,
- Wasserwerk,
- Badebecken,
- Hubschrauberlandeplatz,
- mechanische Werkstätten,
- Behandlungs- und Pflegebereich,
- Forschungs- und Untersuchungslabors,
- Gentechnik,
- Entsorgungshof.

Daraus leiten sich umfangreiche Handlungsfelder ab. Meist treffen für eine einzelne Anlage mehrere Umweltbelastungen zu, z. B.

- Forschungslabors: Abfall, Abwasser, Emissionen,
- Küche: Abfall, Abwasser,

so daß die Beschränkung der Umweltarbeit auf den Abfallbereich nicht ausreicht. Trotzdem stellt die Abfallwirtschaft noch immer den Schwerpunkt der Umweltarbeit dar.

Die Gewässer- und Abwasserproblematik gewinnt zunehmend an Bedeutung. Gleiches gilt für Aufgaben zu Energie- und Wassereinsparungen. Da die Umweltschutzaufgaben umfangreich sind, muß eine Gewichtung vorgenommen werden.

Kriterien hierfür sind:

- rechtlicher Hintergrund,
- Höhe der Umweltbelastungen,
- Auflagen,
- Machbarkeit,
- Ökonomie-Ökologie-Verhältnis.

Besonders die Fragen: *Was kostet das und rechnet es sich?* haben in letzter Zeit Priorität. Umweltschutz, nur der Umwelt zuliebe und um jeden Preis, kann sich heute niemand mehr leisten.

Die genannten Kriterien sind die treibenden Kräfte der Umweltschutzarbeit – aber natürlich auch persönliches Engagement. Für die Wirksamkeit des Umweltschutzbeauftragten sind seine Stellung im Unternehmen und seine Akzeptanz wichtig.

5   Beauftragte des Umweltschutzes

Rechtlich gibt es den Begriff des Umweltschutzbeauftragten nicht, aber auch nicht die nachfolgenden Tätigkeitsbezeichnungen, die inzwischen aufgetaucht sind und im Grunde dasselbe wie der Begriff "Umweltschutzbeauftragter" bedeuten:

- Klinikökologe,
- Umweltreferent,
- Umweltkoordinator,
- Umweltsachverständiger,
- Umweltberater.

Von diesen Bezeichnungen halte ich nichts.

Im Umweltschutz tätige Beauftragte eines Unternehmens können sein:

- Abfallbeauftragter,
- Gewässerschutzbeauftragter/Wasserbeauftragter,
- Immissionsschutzbeauftragter,
- Strahlenschutzbeauftragter,
- Gentechnikbeauftragter (Beauftragter für die biologische Sicherheit),
- Störfallbeauftragter,
- Gefahrstoffbeauftragter,
- Gefahrgutbeauftragter,
- (Sicherheitsbeauftragter),
- (Energiebeauftragter).

Alle genannten Beauftragten sind Personen, die auf dem Gebiet des Umweltschutzes mehr oder weniger tätig sind, also Umweltschutzbeauftragte darstellen.

Meist steht der Begriff des Umweltschutzbeauftragten in einem Unternehmen als Sammelbegriff für mehrere Einzelbeauftragungen, in der Regel für Abfall, Immissions- und Gewässerschutz.

Im UKS sind gemäß Umweltrecht folgende auf dem Gebiet des Umweltschutzes tätige Beauftragte gefordert:

- Abfallbeauftragter (gem. § 11 Abfallgesetz usw.),
- Strahlenschutzbeauftragter (anlagenbezogen),
- Gentechnikbeauftragter (anlagenbezogen),
- Störfallbeauftragter (anlagenbezogen),
- Gefahrstoffbeauftragter (anlagenbezogen),
- Gefahrgutbeauftragter.

Die Bestellung eines Immissionsschutzbeauftragten war wegen der genehmigungs- und kontrollpflichtigen Anlagen (BHKW, Heizhaus, Per-Destillation der chemischen Reinigungsanlagen) vorgesehen.

Hier hat sich inzwischen die Situation geändert, so daß die Bestellung nur auf Anordnung der Behörde erforderlich wird:

– Das Blockheizkraftwerk gehört einer externen Betreibergesellschaft.
– Das Heizhaus wird demnächst diesem Betreiber ebenfalls übergeben.
– Die Per-Destillationsanlage zählt wegen der reduzierten Destillationsleistung nicht mehr zu den genehmigungs- und überwachungspflichtigen Anlagen.

Die Notwendigkeit zur Bestellung eines Gewässerschutzbeauftragten liegt im Falle des UKS ebenfalls im Ermessen der Behörde. Hier ist noch keine Entscheidung gefallen.

Unabhängig von der Pflicht zur Bestellung hat der Umweltschutzbeauftragte des UKS gemäß interner Festlegung die Aufgaben des Abfall-, Immissions- und Gewässerschutzbeauftragten wahrzunehmen und zu allen übrigen Beauftragten engsten Kontakt zu pflegen.

Auch wenn die Bestellung gesetzlich nicht durchgängig gefordert ist, erscheint sie sinnvoll, weil sich in der täglichen Arbeit ständig Fragen zum Gesamtkomplex "Umweltschutz" ergeben, für die der Umweltschutzbeauftragte der direkte Ansprechpartner des Universitätsklinikums nach innen und außen ist. Dies hat sich in unserem Haus bewährt.

Meine offizielle Bestellung zum Abfallbeauftragten des Universitätsklinikums ist in Vorbereitung. Hier bedarf es noch Klärungen bezüglich der Haftungsübernahme und Versicherungsfragen.

6   Stellung des Umweltschutzbeauftragten im Unternehmen

Für die Einbindung des Umweltschutzbeauftragten in die Betriebsorganisation sind mehrere Varianten denkbar. Sie sind in der Praxis allesamt anzutreffen (Abb. 2). Aber gemäß Gesetzesauftrag kommt nur die Tätigkeit in Stabsstellung in Frage (Position A oder B). Nur an dieser Stelle kann er seine Überwachungs-, Hinwirkungs- und Beratungsaufgaben erfüllen.

Ist der Beauftragte im Unternehmen in der Linie eingeordnet oder übt er seine Beauftragtentätigkeit neben seiner eigentlichen Linienfunktion aus, z. B. als Leiter des Beschaffungswesens, besteht ein Konflikt zwischen Überwachung, Verantwortung und Entscheidung. Hierbei tritt der Fall ein, daß sich der Beauftragte als Überwachender gleichzeitig selbst zu kontrollieren hat. Dies erschwert die Arbeit auf dem Gebiet des Umweltschutzes.

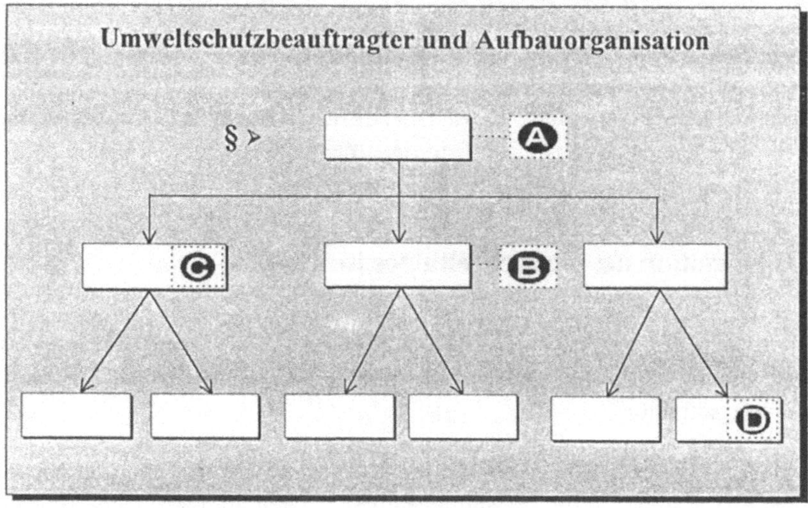

Abb. 2 Umweltschutzbeauftragter und Aufbauorganisation

Position des Beauftragten im Dreiecksverhältnis

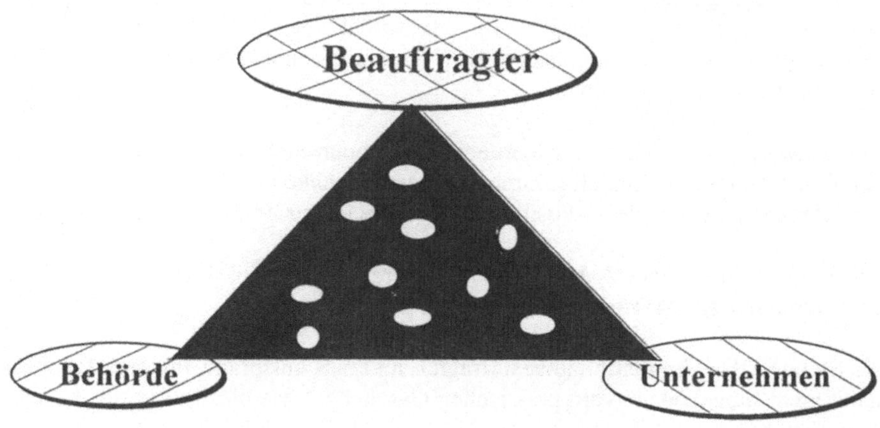

Abb. 3. Stellung des Umweltschutzbeauftragten im Unternehmen

Gleichzeitig weist die Beauftragtenstellung eine weitere Besonderheit auf: Der Betriebsbeauftragte ist Angestellter des Unternehmens, nicht der Behörde, obwohl er eine Kontrollfunktion ausübt und gegenüber der Behörde als Ansprechpartner dient. Dieses Dreiecksverhältnis Betrieb-Beauftragter-Behörde kann Probleme bereiten bei der Durchsetzung von Umweltschutzmaßnahmen (Abb. 3).

7   Organisation des Umweltschutzes im UKS

Das Organigramm des UKS zeigt an der Spitze den Klinikumsvorstand mit dem Ärztlichen Direktor als Vorsitzenden. Mitglied des Klinikumsvorstandes ist auch der Verwaltungsdirektor.

Den einzelnen Mitgliedern des Klinikumsvorstandes sind weitere Struktureinheiten zugeordnet. So gehören zum Verwaltungsdirektor mehrere Dezernate. Hervorheben möchte ich

- Dezernat IV   Haus- und Grundstücksverwaltung, Zentrale
                   Dienste/Umweltschutz,
- Dezernat V   Beschaffung und Wirtschaftsbetriebe,
- Dezernat VI   Technik und Bau,

da diese Dezernate entscheidenden Anteil an der Umweltschutzarbeit im UKS tragen.

Die Fragen der Arbeitssicherheit werden durch eine Dienststelle der Freien Universität quasi extern betreut.

Als die Stelle des Umweltschutzbeauftragten geschaffen wurde, tauchten gleichzeitig Überlegungen auf, diese Funktion zukünftig in eine noch zu schaffende Stabsstelle zu integrieren, gemeinsam mit dem Sicherheitsingenieur und weiteren Beauftragten. Diese Stabsstelle sollte dem Klinikumsvorstand beigestellt sein. Dies wurde bisher nicht verwirklicht.

Gegenwärtig halte ich dieses Vorhaben auch noch nicht für zwingend erforderlich. Entscheidend ist allein die Durchsetzungsmöglichkeit von Maßnahmen und die Akzeptanz, egal von welcher Position aus. Beides ist zur Zeit gegeben.

Die umweltrelevanten Abteilungen unseres Universitätsklinikums sind im Organigramm (Abb. 4) zusammengestellt.

Die Stellung des Umweltschutzbeauftragten im UKS entspricht Position B und ist damit nicht "abgehoben" vom praktischen Geschehen, wie dies in Position A leicht geschehen kann.

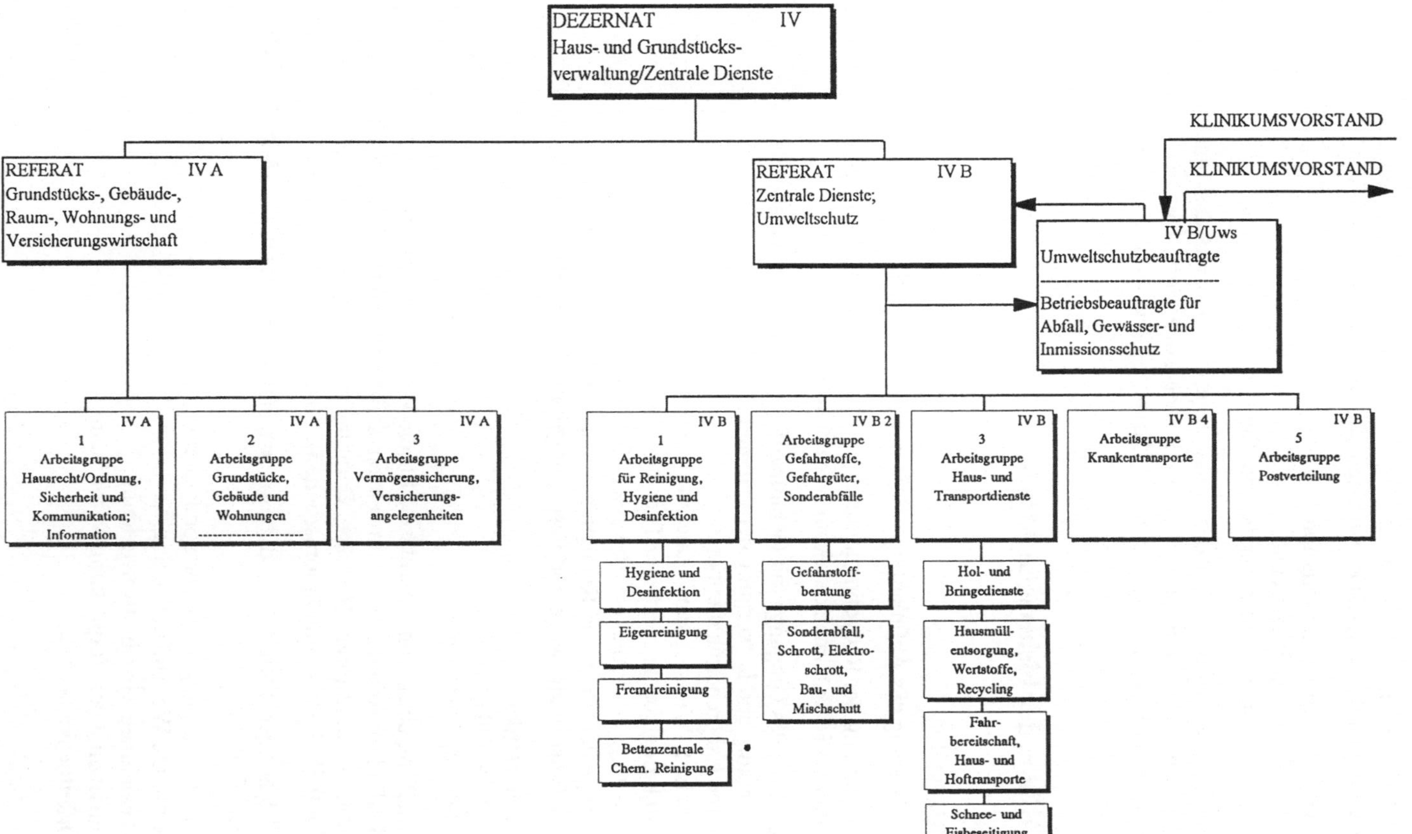

Abb. 4. Dezernat IV – Haus- und Grundstücksverwaltung/Zentrale Dienste

Meine Arbeit als Umweltschutzbeauftragte wird auch dadurch unterstützt, daß ich in allen wichtigen Kommissionen vertreten bin, wie z. B.

- in der Beschaffungskommission,
- im Arbeitssicherheitsausschuß,
- bei Kontrollen des Betriebsarztes, der Sicherheit und Hygiene.

Die Schaffung der Umweltschutzkommission unseres Universitätsklinikums, deren Vorsitz ich haben werde, ist auf dem Papier konzipiert. Übrigens wurde die Schaffung dieser Kommission von unserer Krankenpflegeleitung angeregt.

8   Bilanz der bisherigen Arbeit

Arbeitsergebnisse:

- Reduzierung des Abfallanfalls (1993 um 1000 t) durch

  - Erhöhung der Recyclingquote,
  - diverse Maßnahmen der Abfallvermeidung,

- Regelung des Umgangs mit Gefahrstoffen in den Forschungslabors,
- Schließung und Entsorgung der Galvanik,
- interne Laborchemikalienbörse,
- Probelauf "Wertstoffsammlung im Pflegebereich",
- Einführung quecksilberfreier Thermometer,
- Begleitung des Projekts "Abwasser 2000",
- Anzeige der Chemisch-Reinigungsanlagen mit Destillationsanlage,
- neue Entsorgungswege und Festlegungen für diverse Sonderabfälle, z. B.

  - Zytostatika,
  - CE-Abfälle,
  - Lösemittelgemische,

- Schaffung eines Containerplatzes für die Wertstoffsammlung,
- Mitglied im Arbeitskreis "Umweltschutz im Krankenhaus" der BKG,
- Öffentlichkeitsarbeit (Vorträge, Beratungen, Betriebsführungen, Betreuung von Praktikums- und Diplomarbeiten).

Nach 1,5jähriger Tätigkeit sind besonders auf dem Gebiet der Abfallwirtschaft Erfolge aufzuweisen:

- neue Entsorgungswege für Sonderabfälle,
- verstärkte Wertstofferfassung,
- Maßnahmen zur Abfallvermeidung,
- Umsetzung der Verpackungsverordnung,
- Öffentlichkeitsarbeit.

Des weiteren waren Grundsatzprobleme im Zusammenhang mit unseren chemischen Reinigungsanlagen zu bearbeiten (Immissionsschutz). Bezüglich der Abwasserbelastung unseres Universitätsklinikums (Indirekteinleiterverordnung) wurde ein Gutachten in Auftrag gegeben, das inhaltlich zu begleiten ist.

Ich bin in mehreren internen und externen Gremien tätig.

Zahlreiche Informationsveranstaltungen fanden in unserem Haus statt. Für besonders wichtig halte ich die Mitwirkung in der Krankenpflegeschule. Als größten Erfolg empfinde ich den von mir initiierten Probelauf zur verstärkten Wertstoffsammlung im Pflegebereich.

9   Ausblick auf Umweltschutzvorhaben

Umweltschutzvorhaben:

- Ökologisch orientierte Materialwirtschaft (Beschaffungskommission, AG Umweltschutz),
- Erweiterung der Wertstofferfassung,
- Abfallwirtschaftskonzept für OP-Trakt,
- Maßnahmen zur Abfallvermeidung

    - neue Produkte, Verfahren,
    - Einweg-/Mehrwegartikel – Ökobilanzen,
    - Änderung der Transportlogistik im MZD,

- Einstellung der Chemisch-Reinigung und Umstellung auf Naßwäsche,
- Umbau Ver- und Entsorgungshof

    - Zentralisierung,
    - Tonnen- und Behälterwaschanlage,
    - Glassortierung,

- Verbesserung der Lagerbedingungen für Lösemittel/Apotheke,
- Lösemitteldestillation in ausgewählten Bereichen,
- Aktualisierung der Abfallfibel,
- Arbeitsgruppe "Umweltschutz".

Zukünftig ist verstärkt dort anzusetzen, wo die Umweltprobleme ins Haus kommen – bei der Beschaffung. Eine stärker ökologisch orientierte Materialwirtschaft ist unser Ziel. Wir werden außerdem das Trennen von Wertstoffen aus dem Abfall weiter verstärken. Zur Zeit beträgt der Abfallanteil, der von uns einer Verwertung zugeführt wird, ca. 30%.

Auf der Grundlage eines externen Gutachtens zur Abwassersituation in unserem Universitätsklinikum werden technische Maßnahmen durchzusetzen sein. Die chemische Reinigung unseres Universitätsklinikums werden wir schließen und hier Ersatz durch Naßreinigung schaffen müssen. Auch Maßnahmen zur Energie- und Wassereinsparung sind in Vorbereitung. Hier ist vor allem unsere Abteilung Technik gefordert. Im Umgang mit Gefahrstoffen werden wir verstärkt die Übersicht und Kontrolle voranbringen (Gefahrstoffkataster).

Beim Umbau unseres Wirtschaftshofes und der Küche sind die Forderungen des Umweltschutzes zu berücksichtigen. Für unseren OP-Trakt ist ein Abfallwirtschaftskonzept in Vorbereitung. Schließlich ist unsere Abfallfibel zu überarbeiten.

10   Schlußbetrachtung

Wie meine Ausführungen belegen, kann die Arbeit des Umweltschutzbeauftragten *umfangreich, interessant* und *erfolgreich* sein.

Es kommt immer darauf an, was man selbst daraus macht, ob man akzeptiert wird und daß man selbst sehr engagiert ist und in seiner Arbeit voll aufgeht. Genauso wichtig ist es, entsprechende Mitstreiter zu gewinnen.

Wenn gewährleistet ist, daß die Tätigkeit nicht in der Linie ausgeführt wird, ist die Stellungsebene aus meiner Erfahrung heraus nicht so entscheidend. Da der Umweltschutzbeauftragte sein Unternehmen kennen muß, plädiere ich für interne Beauftragtentätigkeit. Nur in dieser Stellung ist das o. g. zu verwirklichen. Die Bestellung externer Beauftragter sollte kleineren Unternehmen, die sich einen eigenen Beauftragten nicht leisten können, vorbehalten bleiben.

Lösungen von Umweltaufgaben in Linienfunktion

Andrea Stelkens

Da liegen über 6000 Artikel auf Lager, die beschafft, katalogisiert, benutzt, abgerechnet und entsorgt werden. Freilich werden ständig neue Artikel benötigt, auch aus Umweltgesichtspunkten. So sehen heute immer mehr Menschen ein, daß Leuchtbuntstifte mindestens genauso gut sind wie Textmarker – und viel weniger umweltschädlich, aber erst einmal kommt niemand auf die Idee, daß die Textmarker nun überflüssig sind, denn Beschaffer sehen sich zuständig für Beschaffungen und nicht für Abschaffungen – und Lageristen lagern, was die Beschaffer beschaffen.

Umweltaufgaben in Stabs- und Linienfunktion

Zunächst jedoch zu den Begriffen Stab und Linie. Bekannt sind sie aus dem militärischen Sprachgebrauch, werden aber auch für Managementstrukturen benutzt. In typischen "Stabsfunktionen" arbeiten Betriebsbeauftragte für Abfall, Gewässerschutzbeauftragte usw. Ihre Hauptaufgabe ist es, zu beraten und zu überwachen. Charakteristisch ist, daß sie direkt der Leiterin oder dem Leiter des Betriebes oder der Einrichtung unterstellt sind.

Personen in Linienfunktion führen Entscheidungen durch und tragen hierfür die Verantwortung. Für die Lösung von Linienaufgaben sind zum Beispiel Dezernate mit eigener Handlungskompetenz zuständig.

Zum Schluß noch einmal ausführlich aufzuzählen, was alles in einem Großkrankenhaus an Umweltaufgaben zu bewältigen ist, dürfte müßig sein. Ich möchte hier nur die Frage stellen, ob mit herkömmlichen Managementstrukturen diese immensen Aufgaben gelöst werden können.

Wenn wir die Wirklichkeit in den Krankenhäusern Deutschlands betrachten, so können wir froh sein, wenn es überhaupt Umweltbeauftragte gibt. Finden wir welche, so entdecken wir bei näheren Hinschauen häufig, daß hier engagierte und hochmotivierte Mitarbeiterinnen oder Mitarbeiter vielfach sehr ineffektiv arbeiten, weil es an Handlungskompetenz mangelt und sie so letztlich – um es einmal provokativ zu formulieren – nur als Feigenblatt fungieren. Handeln und Handlungskompetenz sind es dagegen, die das Wesen der "Linie" ausmachen. Hier darf allerdings die Gefahr, in der tagtäglichen Routine steckenzubleiben und dabei die Energie für Innovationen zu verlieren, nicht vernachlässigt werden.

Das Umweltdezernat

Die Medizinischen Einrichtungen der Rheinisch-Westfälischen Technischen Hochschule Aachen (Klinikum Aachen) gingen mit der Einrichtung eines Umweltdezernates in Linienfunktion neue Wege. Es ist gleichrangig mit den klassischen Dezernaten wie das Personal-, Finanz- oder Technikdezernat und wird im Mai zwei Jahre alt.

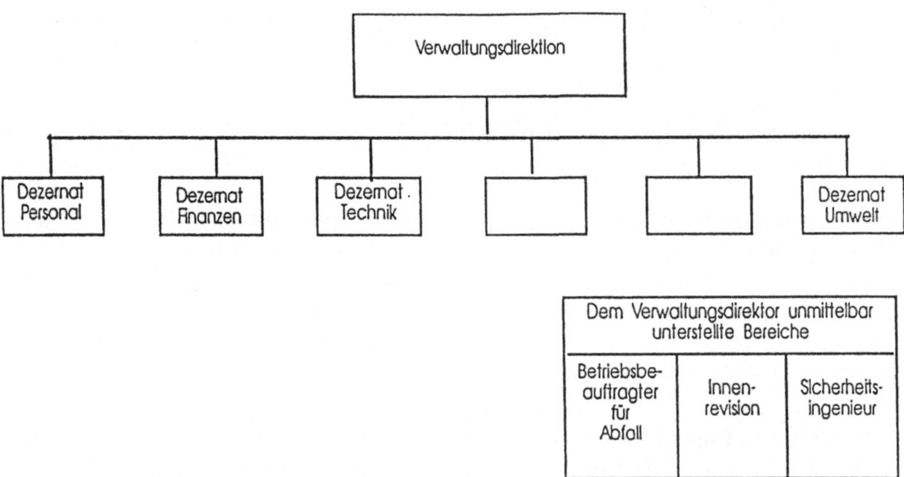

Abb. 1. Organisationsstruktur

Hier nur ein Überblick: Das Klinikum Aachen hat 5000 Beschäftigte, 1500 Patientenbetten, über 50 Kliniken und wissenschaftliche Institute und 3600 Studenten. Täglich gehen hier etwa 10 000 Menschen ein und aus.

Es stellt sich nun die Frage, was soll heute mit erster Priorität "Umwelt" dem Dezernat zugeordnet werden. Ich sage bewußt heute, da die Zukunft sicherlich Akzente setzen wird, die wir jetzt noch nicht kennen. In den Medizinischen Einrichtungen sind die Bereiche Abfallentsorgung, Wertstoffsammlung, hauseigene Betriebe wie die Gärtnerei, die Geländereinigung, Schädlingsbekämpfung innerhalb und außerhalb des Hauses, die Abteilung Arbeitssicherheit und eine eigene Abteilung Gefahrstoffe dem Umweltdezernat zugeordnet. In Kürze wird der Bereich Wassersonderanlagen hinzukommen (Abb. 2).

Abb. 2. Das Umweltdezernat

Die Anzahl der Mitarbeiter und Mitarbeiterinnen wird dann etwa 50 Personen betragen. Die Dezernentenstelle wurde bewußt mit mir als Ärztin und Ingenieurin und nicht – wie üblich – mit Juristen oder Verwaltungsfachleuten besetzt. Das Klinikum hatte ich als wissenschaftliche Mitarbeiterin in einem Institut und später auch als Ärztin auf Station kennengelernt.

Die Lösungen

Will ich die Lösungen von Umweltaufgaben beschreiben, so fällt es schwer, mit großen Worten große Taten anzuführen. Es ist das Überdenken der täglichen Kleinarbeit, das Erkennen des Teufels im Detail, das praktische Handeln statt der großen Pläne. Umweltarbeit bedeutet nicht das Bewegen großer Dinge und das Verwalten der großen Summen auf einmal. Es kommt ganz wesentlich darauf an, Überzeugungsarbeit zu leisten, neues Bewußtsein zu schaffen und eingefahrene Bahnen zu verlassen.

So mögen die Beispiele, die ich anführe, teils banal oder nebensächlich klingen. Das, was aber in der Umweltarbeit Erfolg bedeutet, ist die Summe aller solcher Bemühungen.

Weniger Zeitschriften

Die kritische Durchsicht der allein in der Verwaltung abonnierten Zeitschriften- und Loseblattsammlungen ergab eine Optimierung auf etwa die Hälfte des ursprünglichen Bestandes. Rechnet man alle Arbeitsschritte von Verteilung per Hauspost über Erfassung und Inventarisierung, Katalogisierung in der Bibliothek bis zur Verschickung in die einzelnen Bereiche und dort Einsortierung und Aufbewahrung, so bedeutet dies eine jährliche Einsparung von etwa 18 000 DM. In diesem Betrag sind die indirekten Umweltfolgen wie Abholzung, Gewässerbelastung, Energieverbrauch bei Herstellung und Beseitigung, Transport, Entsorgung usw. nicht berücksichtigt.

Leben mit Tippfehlern

Eine Rundfrage innerhalb der Verwaltung zeigte, daß sich niemand durch Schreiben mit einigen Tippfehlern mißachtet fühlte. Daraufhin wurde beschlossen, daß auf nicht grundsätzliche Verbesserungen in Schreiben verzichtet werden sollte. Dies bringt täglich zwar nur rund 3,50 DM Einsparung an Materialkosten. Rechnet man allerdings, daß dabei 20 Schreibkräfte je zwei Seiten nicht neu zu schreiben brauchen, also auch 40 Seiten nicht von Vorgesetzten neu gelesen werden müssen, so kommt man schnell auf eine jährliche Einsparung von 36 000 DM plus etwa 1000 DM eingesparte Materialkosten, noch nicht eingeschlossen die damit verbundenden Umweltbelastungen.

Größtes Problem dabei ist noch immer, daß Schreibkräfte nur schwer mit Tippfehlern leben können. Auch hier gilt es, mühsame Überzeugungsarbeit zu leisten.

Wider die Protokollflut

Es scheint eine Prestigefrage zu sein, auf möglichst vielen Verteilern von Protokollen zu stehen. Betrachtet man die Verwaltungswirklichkeit, so wird niemand bezweifeln, daß von 20 Empfängern irgendwelcher Besprechungsergebnisse 15 diese sofort in den Papierkorb befördern – wenn nicht in alter Gewohnheit in den Restmüll. Hier gilt es in jedem Einzelfall, den Sinn solcher althergebrachten Verteiler zu hinterfragen, und immer läßt sich etwa die Hälfte aller Protokollexemplare ersatzlos streichen. Bei einer Kostenbetrachtung nach obigem Schema kamen wir so auf Einsparungen von etwa 20 000 DM im Jahr.

Kessel stillgelegt

Bei einer TÜV-Überprüfung der thermischen Abwasserdesinfektionsanlage, die beim Bau des Klinikums als Neuheit installiert wurde, ergab sich, daß der überalterte Kessel ausgetauscht werden sollte. Das Technikdezernat, das sich zuständig sieht für den Betrieb und das Funktionieren von Anlagen, setzte sich für eine Ersatzbeschaffung ein.

Über die grundsätzliche Notwendigkeit der Desinfektionsanlage wurde in diesem Stadium nicht mehr nachgedacht. Nachdem aber neue Untersuchungen gezeigt hatten, daß das Klinikum Abwasser insgesamt bedeutend weniger infektiös ist als normale Haushaltsabwässer, war die Notwendigkeit einer Desinfektion äußerst zweifelhaft. Gegen die Entscheidung zur Abschaltung schoben die Techniker vermutete behördliche Auflagen vor – einem Techniker tut es schließlich weh, eine jahrzehntelang gepflegte Anlage einfach von heute auf morgen stillzulegen. Nach meiner Stellungnahme blieb es bei der Abschaltung.

Wasserkreislauf abgeschaltet

Beim Neubau des Klinikums wurden etwa 40 Perchlorsäuredigestorien eingebaut. Inzwischen wird in der chemischen Alltagspraxis im Aachener Klinikum kaum mehr mit Perchlorsäure gearbeitet. Damit wurden Gaswäsche, angeschlossener Wasserkreislauf mit Neutralisationsanlage und aufwendiger Wartung unnötig. Anfängliche Bedenken gegen eine Abschaltung des Wasserkreislaufes wurden überwunden, nachdem das Umweltdezernat die Verantwortung übernahm.

Lager durchforstet

Noch einmal zurück zu den 6000 Lagerartikeln im Klinikum Aachen. Ich wollte alle auf Umweltverträglichkeit prüfen. In Anbetracht der Massen an Material stand ich kurz davor aufzugeben. Statt dessen schlug ich einen neuen Weg ein. Was denn an Material wurde kaum oder gar nicht benutzt? Und muß es alles in blau, grün, rot, lila und hellgelb geben, oder reicht auch eine Farbe?

Es ist nicht schwer, neue Ideen zu haben,
schwer ist, die alten fallen zu lasssen.

Auch wenn es der Mentalität der Beschaffer und Lageristen eigentlich widerspricht, stimmten sie schließlich einer Straffung des Artikelsortiments um etwa 800 Positionen zu. Wenn auch mit der Anmerkung, daß schließlich ich es werde verantworten müsse, wenn nun der Unmut der Verwender laut werde. Da sie jedoch ausführlich über die Hintergründe informiert wurden, blieb der große Protest aus.

Nicht die Dinge selbst beunruhigen die Menschen,
sondern die Vorstellungen von den Dingen.
Epiklet, 60-140 n.Chr.

Welche Konsequenzen diese Aktion aus ökonomischer Sicht hat, brauche ich wohl nicht zu erläutern. Die Überarbeitung geht übrigens noch weiter.

So schön diese Beispiele sein mögen, sie haben ja noch nicht so sehr mit den ureigenen Aufgaben des Umweltdezernates zu tun. Sie zeigen jedoch, daß das Beschaffungswesen (hier wird festgelegt, was ins Haus kommt und wieder entsorgt werden muß) und der klassische Bereich Technik (hier werden die Bedingungen für Energie-, Wasser-, und Luftdurchsatz gesetzt) entscheidenen Einfluß auf die Lösungen von Umweltaufgaben haben.

Zentrales Gefahrstoffkataster

Zu den eigentlichen Aufgaben des Umweltdezernates gehört unter anderem die Erstellung eines zentralen Gefahrstoffkatasters. In diesem Fall wurde zur Durchführung der Gefahrstoffverordnung sogar eigenes Personal eingestellt. In Kliniken und Instituten wird erhoben, was alles wie und wo an Gefahrstoffen vorhanden ist. Dabei ergibt sich quasi nebenbei, daß über die Notwendigkeit der Chemikalien nachgedacht wird. Und man fand heraus, daß eine große Anzahl von Chemikalien nicht oder nicht mehr gebraucht wurden. In vielen Fällen wurde der Bestand an Chemikalien bis zu 50% reduziert.

Gefahrstoffordner

Eine schwer zu lösende Aufgabe ist es, das Bewußtsein für den angemessen Umgang mit Gefahrstoffen in die einzelnen Kliniken und Institute zu tragen. Hier erstellen Mitarbeiterinnen und Mitarbeiter des Umweltdezernats für jeden einzelnen Bereich individuelle Gefahrstoffordner. Diese Ordner sind für Vorgesetzte die aktuellen und individuell auf ihren Bereich abgestimmten Handbücher, die sowohl zu Unterweisungen wie auch in der akuten Praxis maßgebend sind. Damit solche Ordner auch sinnvoll sind, gilt es, sie sowohl von der Aktualität her wie auch vom Inhalt her auf die Bedürfnisse abzustimmen.

Viel zu hell

Neben den klassischen Aufgaben der Abteilung Arbeitssicherheit sorgte man sich auch um die richtige Beleuchtung der Arbeitsplätze im Klinikum. Dabei stellte sich heraus, daß die meisten Arbeitsplätze viel zu hell waren. Hier war es die Initiative eines einzelnen Mitarbeiters, den dieses Thema schon länger beschäftigt hatte. Als seine Abteilung nun zum Umweltdezernat kam, wurde er unterstützt, seine Ideen auch umzusetzen. Inzwischen sind nennenswerte Energieeinsparungen zu verzeichnen. Nun wird laufend weiter gemessen und weiter Beleuchtung reduziert.

Getrennte Wertstoffsammlung

Beim Bau des Klinikums hatte sich niemand Gedanken darum gemacht, Wertstoffe getrennt von nicht wiederverwertbarem Abfall zu sammeln. Das gesamte automatische Warentransportsystem, über das auch die Abfälle wegtransportiert werden, und die Containertypen sind ausschließlich nach diesem alten Konzept eingerichtet. Hier hatte schon der Betriebsbeauftragte für Abfall darauf hingewiesen, daß Wertstoffe getrennt gesammelt werden sollten. Erst als das Umweltdezernat konkrete Strategien entwickelte, wurde es möglich, bisher schon einmal Papier, Kartonagen und Infusionsglasflaschen getrennt zu sammeln und einer Wiederverwertung zuzuführen. Allein bei Papier und Kartonagen ergibt sich monatlich eine Menge von 17 t, die nicht deponiert werden muß.

Mit den bestehenden Strukturen war diese Aufgabe nicht zu lösen. Müll war eben Müll, dessen man sich entledigen wollte, der aber weiter nicht interessant war. Jetzt widmet sich das Umweltdezernat speziell den Fragen Vermeidung, Verwertung und Entsorgung. Erfolge zeigten sich, nachdem eigene Mitarbeiterinnen und Mitarbeiter eingesetzt wurden, die sich für die Trennung von Abfall und Wertstoffen verantwortlich fühlen und den ganzen logistischen Ablauf verstanden hatten. Sie sind zugleich Überwacher und Berater an der Basis, sind umfassend über die neuesten Entwicklungen auf dem Abfallsektor informiert und haben stets ihr Ohr an der "Seele des Volkes". Weiter wurde die Transportlogistik neu organisiert. Trotz aller Überlegungen entstehen hier natürlich höhere Kosten als bisher. Beim Sortieren und beim Transport fällt in erheblichem Umfang manueller Mehraufwand an, was höhere Personalkosten bedeutet. Die Überlegungen, wie die restlichen Glas- und Leichtstofffraktionen vom Restmüll getrennt werden können, sind noch nicht umgesetzt.

Ein paar Kleinigkeiten

Auch Kleinvieh macht Mist – und das ist in der Regel im Abfallsektor mehr, als man glauben mag. So werden leere Desinfektionsmittelkanister zum Sammeln von Einmalspritzen und -kanülen statt eigens dafür angeschaffter benutzt. Styroporchips werden gesammelt und im Lager für den Versand wiederverwertet. Bei der Umstellung auf die neuen Postleitzahlen wurden Stempel und ähnliches als Spielzeug an Kindergärten gegeben. Im Vorgriff auf die Elektronikschrottverordnung wird unser Elektronikschrott als Pilotprojekt einer Behindertenwerkstatt gegeben, die das Material zur Wiederverwertung separiert.

Eigentlich zur Entsorgung bestimmte noch originalverschlossene Chemikalien werden in einer hauseigenen Börse zum Gebrauch angeboten – sie bleiben nie lange liegen.

Datenerhebung

Bei jährlichen Kosten von etwa 2,2 Mio. DM für die Abfuhr und Entsorgung aller im Klinikum anfallenden Abfallarten gilt es, Grundlagen zu entwickeln, wie ökonomischer und ökologischer gearbeitet werden kann. Analysedaten über Zusammensetzung, Häufigkeit, Abfallarten und Entsorgungskosten von Abfällen oder Wertstoffen sind als Grundlage für Entscheidungen nötig. Erst durch die neuen Strukturen beim Sammeln der Abfälle wird es möglich, detailliertere Daten zu erheben.

Mit welchen Zielen werden Daten aufgenommen?

1. Zur Erstellung eines Kostenplanes und im weiteren zur Umlegung der Kosten auf die einzelnen Institute und Kliniken. Bisher werden nur die Gesamtkosten gemittelt;
2. zum Aufbau einer rationellen Transportlogistik;
3. als Hilfe zur Prioritätensetzung und Konsequenzenabschätzung von Maßnahmen;
4. als Qualilätskontrolle von durchgeführten Maßnahmen;
5. als Schulungs- und Bewußtwerdungsmaterial für die Beschäftigen.

Ökologie kontra Ökonomie?

Häufig ist das Argument zu hören, eine besondere Betonung der Umwelt oder gar Umweltschutz koste mehr Geld. Wirtschaftlich heißt meist sparsamer. Und sparsamer heißt – wie wir jetzt auch gesehen haben – häufig ökologischer. Ziel eines Umweltdezernates ist es aber ursprünglich gar nicht, Geld zu sparen, sondern so zu arbeiten, daß Umweltgesichtspunkte berücksichtigt werden. Dabei ist es schon begrüßenswert, wenn keine größeren Kosten entstehen als bisher. Nun zeigt aber die Praxis, daß das Umweltdezernat am Aachener Klinikum mit seinen Aktivitäten unter dem Strich sogar dazu hilft, ökonomischer zu handeln. Nach meiner Einschätzung sind bei der weiteren Arbeit Einsparungen in noch ganz anderen Dimensionen möglich.

Woher kommt das? Die erste Frage im Umweltbereich ist immer: Ist etwas überhaupt nötig? Diese Überlegung hat gerade die Verwaltung oft verlernt. Eine weitere wichtige Frage ist: Geht es mit weniger Material, Aufwand, Arbeit? Geht es anders? Auch dies wird zu selten durchdacht. Bereitschaft zur Selbstkritik sollte vor keinerlei Tabus haltmachen. Allerdings würde mir die Frage, ob überhaupt ein Umweltdezernat nötig sei, momentan wehtun.

Mut zum Handeln

Gerade bei Entscheidungen im Umweltbereich stellt sich bei der Vielzahl der Beteiligten oft die Frage, wer wann wo zu überzeugen und einzubeziehen ist. Hierzu weiß ich kein Patentrezept. Es zählt die konkrete Erfahrung im eigenen Haus. Meine persönliche Erfahrung zeigt jedoch: Es gibt immer einen Weg.

Nach den vorher erwähnten kleinen und größeren Erfolgen stellt sich nun die Frage nach dem "Aachener Umweltkonzept". Ein wichtiger Bestandteil ist kurz gesagt *learning by doing*. Die Umweltproblematik stellt sich ständig neu, so kann wenig auf alte Erfahrungen zurückgegriffen werden. Klar ist jedoch: Mit der Arbeit muß begonnen werden. Würden wir erst eine vollständige Planung erstellen, wäre es gerade im Umweltbereich in vielen Fällen längst zu spät. Es ist wichtig, nicht zu meinen, schon von vornherein alles im Griff haben zu müssen. Im Aachener Umweltdezernat hat sich bewährt, daß wir nach Kurzanalyse von Grunddaten ein Grobkonzept erstellen, nach dem wir zunächst einmal handeln. In diesem Stadium begegnen mir meine Mitarbeiterinnen und Mitarbeiter oft mit kritischer Sorge, da sie bisher Planungen bis ins letzte Detail gewohnt waren. Hier bin ich bereit, die volle Verantwortung für den Fortgang zu tragen. Im Vertrauen darauf kann an der Sache weiter gearbeitet werden. Die Erfahrungen daraus bilden die Grundlage für weitergehende Konzepte. Diese werden wieder zur Grundlage neuer Aktivitäten, die nun wieder zu besseren Konzepten führen.

das Krankenhaus

Zentralblatt für das deutsche Krankenhauswesen

Mitteilungsblatt:

- der Deutschen Krankenhausgesellschaft, Düsseldorf
- der Gesellschaft Deutscher Krankenhaustag
- des Verbandes der Krankenhausdirektoren Deutschlands, Mülheim
- des DKI – Deutsches Krankenhausinstitut e. V. – Institut in Zusammenarbeit mit der Universität Düsseldorf –, Düsseldorf
- des Instituts für Krankenhausbau der Technischen Universität, Berlin-Charlottenburg
- des Normenausschusses Rettungsdienst und Krankenhaus im DIN, Deutsches Institut für Normung, Berlin

„das Krankenhaus" berichtet aus erster Hand aktuell über die immer bedeutsamer werdenden Fragen der Krankenhauspolitik in Bund und Ländern, teilweise in speziellen, themenbezogenen Sonderbeilagen oder Sonderheften, sowie über die Arbeit der Deutschen Krankenhausgesellschaft. In ausgewählten, exklusiv publizierten Fachartikeln unterrichtet „das Krankenhaus" über modernes Krankenhausmanagement und zeitgemäße Organisationsmethoden, über Anwendung und Umsetzung neuer Rechtsnormen, über Budgetierung, Finanzierung, Controlling, Datenverarbeitung, Krankenhausarchitektur, Krankenhaustechnik, Verwaltungsstrukturen, Personalführung und nicht zuletzt in Originalbeiträgen über das internationale Krankenhauswesen.

Zu den Autoren der Zeitschrift zählen neben Fachleuten aus der Krankenhauspraxis, Wissenschaftlern und Medizinern auch Ingenieure, Hygieniker und Experten namhafter Industrieunternehmen. Die Auswahl der Artikel bietet jedem, der an den Problemen des Krankenhauses interessiert ist, eine Fülle von Informationen und Anregungen.

Ein Abonnement der Fachzeitschrift „das Krankenhaus" sichert auch Ihnen kontinuierlich diese Informationen und Anregungen.

Bezugsbedingungen 1994:

„das Krankenhaus" erscheint monatlich.

Bezugspreis: jährlich DM 272,– inkl. MwSt. und Versandkosten, Einzelpreis DM 28,– inkl. MwSt. zuzüglich Versandkosten; Einzelpreis von Doppel- oder Sonderheften abweichend

Verlag W. Kohlhammer
70549 Stuttgart

Coupon bitte kopieren oder ausschneiden und einsenden!

310119

Bestellcoupon

Ich/Wir bestellen hiermit aus dem Verlag W. Kohlhammer, 70549 Stuttgart:

_______ Abonnement „das Krankenhaus"

ab __________________________

_______ Einzelheft Nr.

_______ kostenloses Probeheft

Preise zur Zeit der Drucklegung. Änderungen vorbehalten.

Name, Vorname _____________________

tätig als _____________________

Straße _____________________

PLZ, Wohnort _____________________

Datum ___________ Unterschrift ___________

Die obige Bestellung kann von mir/uns innerhalb einer Woche beim Verlag widerrufen werden. Zur Wahrung der Frist genügt die Absendung des Widerrufs.

Datum ___________ Unterschrift ___________

f&w
führen und wirtschaften im Krankenhaus
das aktuelle Magazin* für alle, die im Krankenhaus führen und wirtschaften müssen!
*hat die meisten Abonnenten in Deutschland

Betriebliche Abfallbilanzen (BAB)
Betriebliche Abfallwirtschaftskonzepte (BAWK)

Das Landesabfallgesetz des Landes Nordrhein-Westfalen nimmt gewissermaßen Regelungen vorweg, die ähnlich in der Novellierung befindlichen Abfallgesetz des Bundes ("Kreislaufwirtschaftsgesetz") vollzogen werden sollen.
Im Sinne beider Gesetze bieten wir an:

- die Aufnahme des abfallwirtschaftlichen **Ist - Zustandes**
- die Erstellung eines betrieblichen **Abfall- und Reststoffkatasters**
- die Nutzung oder Erstellung einer **abfallwirtschaftlichen Stoffdatenbank**
- Erstellung der **Abfall/Restoffbilanz** (Art, Menge und Verbleib aller Abfälle)
- Darstellung der **Vermeidungs/Verwertungspotentiale**
- Aufzeigen der Wege der betrieblichen **Abfallvermeidung/-verwertung**
- Zurückdrängen der Hemmnisse für die **Vermeidung/Verwertung**
- Bewertung der Produkteigenschaften in Bezug auf die spätere **Verwertbarkeit/ Entsorgung nach Wegfall der Nutzung**
- Darstellung/ Konzipierung einer **fünfjährigen Entsorgungssicherheit**
- Darstellung der abfallwirtschaftlichen **Personalressourcen** und deren **Organisation/Kompetenzen**
- **Dokumentation** abfallwirtschaftlicher Leistungen und Planungen

UMWELTINSTITUT OFFENBACH, Nordring 82B, 6050 Offenbach Tel.: (069) 810679 Fax: (069) 823493

Corporate Idendity und Umwelt-Management

Die **Organisation des Umweltschutzes** des Unternehmen muß nach
§ 52a BImSchG gegenüber der Behörde dargestellt werden:

-   wir helfen bei der Formulierung der **"Unternehmensziele Umweltschutz"**
-   wir planen und organisieren mit Ihnen Bestandsaufnahmen Ihres Umweltschutzmanagements (**Umwelt-Auditing,** laut Entwurf der EG-Verordnung vom 6. 3. 92)
-   wir schlagen veränderte Strukturen des **Umweltschutzmanagements** Ihres Unternehmens vor,
-   dabei werden **Aufgaben und Verantwortlichkeiten** klar beschrieben.
-   wir helfen bei der **Präsentation und Diskussion** des veränderten Umweltmanagementsystems im Unternehmen
-   wir organisieren und moderieren das **Mediationsverfahren** zur Beilegung der Konflikte, die durch die Neuordnung von Aufgaben, Über- und Unterstellungen entstehen
-   wir formulieren das **Umweltschutzhandbuch** des Unternehmens, das das neue Umweltmanagementsystem nach innen und außen verbindlich dokumentiert
-   wir beraten das Umwelt-Management bei der Auswahl geeigneter und **angepaßter EDV-Systeme** zur Präsentation erzielter **Erfolge im Umweltschutz des** Unternehmens

Leistungsübersicht Abfallwirtschaft
Dienstleistungen/Beratungen

EDV - Unterstützung der betrieblichen Abfallwirtschaft

In § 13 und § 19 der Abfall- und Reststoffüberwachungs-Verordnung vom 3. 4. 1990 ist das Übergeben abfallwirtschaftlicher Daten aus dem Entsorgungs- und Sammelentsorgungsnachweisen wie auch für die Begleitscheine an die Überwachungsbehörden in digitalisierter Form ausdrücklich vorgesehen. EDV Systeme unterstützen neben der Nachweiserstellung die **Betriebsbeauftragten für Abfall** in vielerlei Weise:

- Verfügen über Erzeuger- Beförderer- Entsorger**stammdaten,**
- Abfall- und Reststoff**kataloge,**
- betriebliche **Abfallkataster,**
- gesetzes- und Verordnungs**texte,**
- Stoffdaten, **GGVS** Klassifizierung
- **kontinuierliche Überwachung** von Entsorgungswegen, Abfallmengen und Entsorgungs**kosten**, Aufwandsermittlung
- **Bericht**erstellung, Nachweisbücher, Auswertungen
- **Termin**wesen, Überwachung von Rückmeldungen

In einigen Programmen sind noch **weitere Dienste** möglich:
- Hinterlegung betriebsspezifischer **Check- Listen**
- Anbindung externer Verwerter und **Entsorgerlisten, Reststoffbörsen, Datenübergabe** zwischen verschiedenen Firmenstandorten
- Datenübergabe zu **Behörden** on line
- Datenanbindung an **Waage**, Ein- und Ausgangskontrolle
- **Textverabeitung**, Mahnbescheidserstellung
- **Tabellenkalkulation,** graphische unterstützte Berichterstattung
- **Fakturierung**, Kundenkonditionen, Rabatte, **Tourenplanung**, Container- und Fahrzeugeinsatz
- Lagerverwaltung, Faßlagerverwaltung

Wir bieten **produktunabhängige Beratung** an, um das **optimale System für Ihr Unternehmen** zu finden:

- Wir informieren in einer **Eingangsberatung** über die grundsätzlichen Möglichkeiten der EDV - Unterstützung
- wir präzisieren Ihre **firmenspezifische Anforderungen** nach ausführlichem Dialog mit den Fachabteilungen in einem **Pflichtenheft**

- wir schreiben die Leistungen aus und treffen mit Ihnen eine **Entscheidung** für ein Produkt oder eine Produktkombination
- wir stellen den **Datenaustausch** zwischen den verschieden Systemmodulen sicher
- wir koordinieren die **Installation** des Systems
- wir stellen die **Schulung** zur Einführung des Systems sicher
- wir stehen während der **Anlaufschwierigkeiten** bei Übernahme in die Betriebsroutinen zu Verfügung

**UMWELTINSTITUT
OFFENBACH GmbH**

Seminare
zur Qualifizierung der Betriebsbeauftragten
im Umweltschutz

Teilnehmer zu den Seminaren entsandten z.B. folgende Firmen:

•SIEMENS •MAN-ROLAND• HOCHTIEF• MERCK• MASSA• METRO• DEC• US-ARMY•
ALBA• TELEKOM• DTW• PREUSSEN ELEKTRA• EAM• DYCKERHOFF• KLINIKUM
MARBURG• DB• REICHSBAHN• ABR• VEW• DEGUSSA• NESTLE'• DRESDENER BANK•
MESSER GRIESHEIM• RESOPAL• POLIZEIPRÄSIDIUM FRANKFURT•THYSSEN• VW•

Betriebsbeauftragte/r für Abfall

5-tägiger Grundkurs zum Nachweis der **Sachkunde** nach dem Abfallgesetz. Vorbereitung der Bestellung als Abfallbeauftragte/r durch das Unternehmen und Anzeige bei
der zuständigen Behörde nach § 11c des Abfallgesetzes.

Betriebsbeauftragte/r für Gewässerschutz

5-tägiger Grundkurs zum Nachweis der **Fachkunde** nach dem Wasserhaushaltgesetz.
Vorbereitung der Bestellung als Gewässerschutzbeauftragte/r durch das Unternehmen
und Anzeige bei der zuständigen Behörde nach den §§ 21a und 21b des
Wasserhaushaltsgesetzes.

Betriebsbeauftragte/r für Immissionsschutz

5-tägiger Grundkurs zum Nachweis der **Fachkunde** in Vorbereitung der Bestellung als
Immissionsschutzbeauftragte/r und Anzeige bei der zuständigen Behörde nach den §§
53-58 des Bundesimmissionsschutzgesetzes.

Beauftragte/r für die Bearbeitung von Altasten

5-tägiger Grundkurs zur Erlangung der **Fachkenntnisse** zur Erfassung, Erkundung,
Bewertung, Untersuchung, Sicherung und Sanierung von Altlasten und altlastenver-
dächtigen Flächen (bisher keine gesetzliche Grundlage). Für Sachbearbeiter in Behörden und Ingenieur- und Planungsbüros.

Seminare im vierteljährlichen Abstand
veranstaltet im Deutschen Ledermuseum in Offenbach
bzw. in der Offenbacher Messe

UMWELTINSTITUT OFFENBACH, Nordring 82B, 6050 Offenbach Tel.: (069) 810679 Fax: (069) 823493

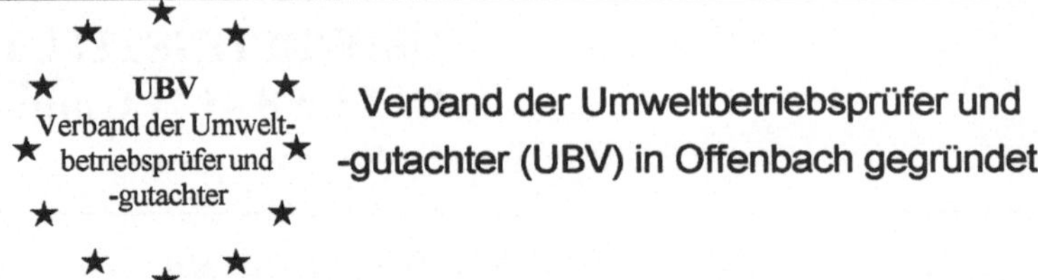

Verband der Umweltbetriebsprüfer und -gutachter (UBV) in Offenbach gegründet

Am Donnerstag, den 8. Dezember 1994 wurde im Novotel Frankfurt-Offenbach der Verband der Umweltbetriebsprüfer und -gutachter (UBV) gegründet. Zweck des gemeinnützigen Verbandes ist die Förderung des betrieblichen Umweltschutzes, insbesondere durch die Umsetzung der EG-Verordnung Nr. 1836/93 (Öko-Audit-Verordnung) und die Zusammenführung und berufliche Interessenvertretung der auf diesem Gebiet tätigen Fachleute.

Zu den Aufgaben des UBV gehören insbesondere:

- Vertretung gemeinsamer Belange und Interessen der auf dem Gebiet der Umweltbetriebsprüfung und Umweltbegutachtung tätigen Personenkreise

- Information der Mitglieder über Fragen des Umweltmanagements und der Umweltbetriebsprüfung

- Förderung und Unterstützung der fachlichen Aus- und Fortbildung der Mitglieder

- Zusammenarbeit mit fachverwandten Institutionen im In- und Ausland

- Mitwirkung bei der Erarbeitung von Normen, Regelwerken und Handlungsempfehlungen

Das rege und engagierte Interesse an der Gründungsversammlung verdeutlichte die Notwendigkeit einer organisierten Vertretung der Belange der auf dem Gebiet der Umweltbetriebsprüfung und -begutachtung tätigen Personenkreise. Nach eingehender Diskussion des Satzungsentwurfs wurde der Verband gegründet und der Vorstand gewählt. Zum 1. Vorsitzenden wurde Dr. Lutz Schimmelpfeng, Geschäftsführer des Umweltinstituts Offenbach, zum 2. Vorsitzenden Dipl.- Ing. Thomas Hardt von der IWS Ingenieur -Consult Gmb Köln, und als Schriftführer Herr Thomas Kloß von der HGN, Hydrogeologie GmbH, Nordhausen gewählt. Der Vorsitzende, Dr. Schimmelpfeng, sieht die vorläufigen Schwerpunkte seiner ehrenamtlichen Tätigkeit vor allem in der Einwirkung auf die kontroverse Diskussion um die Durchführungsbestimmungen zur EG-Öko-Audit-Verordnung bzw. zur Frage der Benennung der darin vorgesehenen "Zuständigen Stelle" sowie der "Zulassungsstelle für Umweltgutachter". Er forderte eine rasche Entscheidung. Eine Stellungnahme des Verbandes zu Umsetzungsfragen wird derzeit erarbeitet.

Kontaktadresse:

Verband der Umweltbetriebsprüfer und -gutachter (UBV) e. V.

c/o Dr. Lutz Schimmelpfeng

Umweltinstitut Offenbach

Nordring 82 B, D-63067 Offenbach am Main

Tel.: 069-810679, Fax: 069-823493